汉语知识丛书

大数据时代的自然语言处理

冯志伟

创于1897
商务印书馆
The Commercial Press

图书在版编目(CIP)数据

大数据时代的自然语言处理 / 冯志伟著 .—北京：商务印书馆，2025
（汉语知识丛书）
ISBN 978-7-100-23290-6

Ⅰ.①大… Ⅱ.①冯… Ⅲ.①汉字信息处理—研究②汉语—研究 Ⅳ.① TP391.12 ② H1

中国国家版本馆 CIP 数据核字（2024）第 003787 号

汉语知识丛书
大数据时代的自然语言处理
冯志伟　著

商　务　印　书　馆　出　版
（北京王府井大街 36 号　邮政编码 100710）
商　务　印　书　馆　发　行
北京虎彩文化传播有限公司印刷
ISBN 978-7-100-23290-6

2025 年 7 月第 1 版　　　　开本 787 × 1092　1/32
2025 年 7 月北京第 1 次印刷　　印张 5

定价：60.00 元

目　　录

前　　言

我是一个从事计算语言学研究的语言工作者，早在20世纪50年代我在北京大学学习地球化学专业的时候，就对机器翻译和自然语言形式模型的研究产生了兴趣，并且在1959年从理科转到中文系语言专业学习。然而我的研究几乎得不到语言学专家们的理解，有的专家认为我用数学和计算的方法来研究语言，这样的研究已经不是文科，走出了语言学的圈子，已经属于自然科学了。因此，我常有茕茕孑立之感，在1967年北京大学中文系研究生毕业之后，只好改行去中学当了多年的物理教员，完全地离开了语言学的队伍。

20世纪70年代后期"文革"结束，中华大地迎来了科学的春天，我考上了中国科学技术大学研究生院，回到了自然科学的队伍，接着又到法国格勒诺布尔理科医科大学应用数学研究所（IMAG）师从当时的国际计算语言学会主席沃古瓦（B. Vauquois）学习机器翻译和自然语言处理，回国后成为一名软件工程师，不过我没有放弃语言学，我试图把语言学与计算机科学结合起来，并有了一些学习和研究的心得。

在1986年，我试着把自己学习和研究的心得写成了《中文信息处理与汉语研究》一书，可是没有出版社愿意出版，屡次遭到拒绝，我走投无路，惴惴不安地试着把书稿交给了商务印书馆，出乎我意料的是，商务印书馆竟然接受了我的书稿，并且在

1992 年出版了，此书纳入了名家云集的《汉语知识丛书》。我觉得商务印书馆是我的知音，使我由茕茕孑立变得欢欣鼓舞起来。

我想，商务印书馆之所以决定出版我的这本书，是因为他们看到了信息时代对于语言学研究的新要求，不再认为这样的研究不属于语言学。这说明商务印书馆具有高瞻远瞩的气魄。

1992 年出版的这本书介绍了 20 世纪 90 年代以前中文信息处理的情况，主要介绍了汉字的输出与输入、汉语的统计研究、计算机自动切词、汉语的语言模型、机器翻译、人机对话等内容，一共有六章。这些内容反映了当时中文信息处理的成果，这些成果现在仍然在发挥作用。试想，如果没有当年的汉字输出和输入研究，我们今天就不能在计算机与手机上输出和输入汉字，其后果显然是很严重的。因此，这六章的内容仍然是非常有价值的。

一年又一年，30 年过去了，现在，我们进入了大数据时代（big data era），我国的中文信息处理有了长足的进步，除了传统的基于规则的中文信息处理之外，在基于统计的中文信息处理、基于神经网络的中文信息处理以及知识图谱等方面也取得了显著的成绩。我国的中文信息处理成为全世界自然语言处理（Natural Language Processing，NLP）的不可分割的组成部分，在全世界自然语言处理的顶级会议中，我国学者都是积极的参与者或会议的组织者。

商务印书馆在给《中文信息处理与汉语研究》出修订本的同时，还建议我在该书原有内容的基础上，再写一本该书的姐妹篇——《大数据时代的自然语言处理》，结合自然语言处理的实践，介绍大数据时代的统计机器翻译、神经网络模型、大语言模型、知识图谱等内容，以飨读者。

最近，我国正在现有传统文科的基础上，进行学科中专业课程的重组，建设文文交叉、文理交叉的“新文科”。中文信息处理把现代信息技术融入语言学中，是文理交叉的新文科建设的最佳范例，希望《中文信息处理与汉语研究》的姐妹篇《大数据时代的自然语言处理》的出版，为我国新文科的建设助一臂之力。

冯志伟

2022年10月1日于北京

第一章　概述

我们在本书姐妹篇《中文信息处理与汉语研究》一书中介绍的中文信息处理研究，分析语言的主要方法都是基于规则（rule-based）的，由于当时中文信息处理的理论和技术水平的局限，很难把语言学的各种事实和理解语言所需的广泛的背景知识用规则的形式充分地表达出来，这样，这些基于规则的自然语言处理系统只能在极其受限的某些子语言（sub-language）范围内获得一定的成功。

20 世纪 90 年代以来，为了摆脱困境，自然语言处理的研究者们开始对大规模的非受限的自然语言进行调查和统计，采用一种基于统计（statistic-based）或基于神经网络（neural-network-based）的方法来处理非受限的语言大数据。这样的方法将有可能在语言大数据的基础上来检验传统的理论语言学使用基于规则的方法所得出的各种结论，从而使我们对于自然语言的各种复杂现象获得更为深刻和更为全面的认识。

语料库（corpus）以电子计算机为载体来存放语言大数据材料，这些存放在电子计算机中的语言大数据是大规模的（large scale），并且是在语言的实际使用中真实出现过的（authentic），因此，它们可以如实地反映语言现象，克服语言学家观察语言现象时的主观性和片面性，这样的未经加工的语言大数据对于语言学研究已经很有用；而这些真实的语言大数据经过标注、分析、加工处理之后，就可以变成更加有用的语言资源（language resources）。所以，不论是未经加工的“生语料”语言大数据或者经过加工的“熟语料”语言大数据都是非常宝贵的。

传统语言学基本上是通过语言学家归纳总结语言现象的手工方法，采用内省（introspection）或者诱导（elicitation）的方式来获取语言知识的，由于人的记忆能力有限，任何语言学家，哪怕是语言学界的权威泰斗，都不可能记忆和处理浩如烟海的全部的语言数据，因此，使用传统的内省或者诱导的方式来获取语言知识，犹如以管窥豹，以蠡测海，这种获取语言知识的方法不仅效率极低，而且带有很大的主观性和片面性。

语言大数据是客观的、可靠的语言资源，语言学研究应当依靠这些语言资源。语言大数据中包含着极为宝贵的语言知识，我们应当使用新的方法和工具来获取这些知识。当然，前辈语言学家数千年积累的语言知识（包括词典中的语言知识，语法书中的语言知识）也是宝贵的，但由于这些知识是通过这些语言学家们的“内省”或者“洞察力”发现的，需要我们使用语言大数据加以审查。

语料库语言学家辛克莱（John Sinclair）一针见血地指出：

“生造的例子看上去不管是多么地可行，都不能作为使用语言的实例。”

如果搞语言研究不使用语言大数据，很可能就只能使用自己根据“内省”得到的小规模数据（small scale），这是“第一人称数据”（first person data），在使用第一人称数据时，语言研究者既是语言数据的分析者，又是语言数据的提供者；或者使用根据

“问卷调查”之类的“诱导”得到的小规模数据，这是“第二人称数据”（second person data），在使用第二人称数据时，语言研究者不充当数据的提供者，数据需要通过“作为第二人称的旁人”的诱导才能得到；如果使用语言大数据作为语言研究的数据来源，那么，语言研究者就不再充当数据的提供者或诱导者，而是充当数据的分析者了，这种“观察”（observation）得到的数据是“第三人称数据”（third person data）。

这是多年前维德森（Widdowson）在《语言学应用中的局限性》（The Limitation of Linguistics Applied）一文中提出的看法，我觉得这种看法很有价值，值得我们思考。

当然，如果使用第三人称的观察数据，语言学研究者同时也可以充当数据的“内省者”或“诱导者”，所以，第一人称、第二人称和第三人称是难以分开的。这也就是我们不反对第一人称或第二人称方法的原因。第三人称方法显然是比较科学的获取数据的手段。

理论语言学家采用的是第一人称方法，由于他们具有非凡的智慧，也可以取得卓越的成就；心理语言学家、实验语言学家采用的是第二人称方法，也取得了不少的成果；而我们现在则提倡第三人称方法，当然，与此同时，我们仍然要充分地尊重第一人称研究者和第二人称研究者的智慧和洞察力，我们并不反对第一人称的内省法和第二人称的诱导法。前辈语言学家的智慧和洞察力仍然是值得我们称道的。

不过，我们认为，语言学的一切知识，不论是过去通过“内省”或“诱导”得到的知识，最终都有必要放到语言大数据中来“观察”和“检验”（verification），决定其是正确的，片面的，还是错误的，甚至是荒谬的，从而决定其存在的必要性，决定其是继续存在，还是放弃其存在。

在计算机上建立了大规模的语料库之后，我们就可以使用机器学习或深度学习的方法，自动地从浩如烟海的语言大数据中获取准确的语言知识。这是语言学获取语言知识方式的巨大变化，作为21世纪的语言学工作者，都应该注意到这样的变化，逐渐改变获取语言知识的手段。

语言知识和语篇知识都包含在语言大数据当中。随着语言大数据加工的逐渐精细和深入，我们获得的语言知识也就越加准确和深刻。

语言大数据同时也是语言知识的宝库，语言大数据中蕴藏着丰富的语言知识，词汇知识、句法知识，是最重要的语言资源。语言大数据的使用，为语言学的研究提供了一种新的思维角度，辅助人们的语言“直觉”“内省”和“诱导”，从而克服研究者本人的主观性和片面性，现在正在逐渐成为语言学研究的主流方法。

语言学家利用语言大数据来研究语言学，正如天文学家利用望远镜来研究天文学，生物学家利用显微镜来研究生物学一样，能够使他们如虎添翼，其意义是非常重大的。望远镜的发明使天文学家能够观察到他们过去难以观察到的宏观世界的现象，显微镜的发明使生物学家能够观察到他们过去难以观察到的微观世界的现象，计算机可读的语言大数据就好比语言学研究的望远镜和显微镜，语言大数据的使用扩展了语言学家的眼界，使他们看得更远，看得更细，从而使他们能够发现更多的语言现象，挖掘出更多的语言事实，把语言学的研究推向一个新的阶段。从某种意义上说，语言大数据的使用，是语言学研究的一次革命性的进步。

大数据时代的自然语言处理采用机器学习（machine learning）的方法从大规模真实的语言大数据中获取信息。

机器自动学习的方法主要有三种类型：有指导的学习（supervised learning）、无指导的学习（unsupervised learning）、半指导的学习（semi-supervised learning）。

有指导的学习实际上是对于语言大数据进行分类，首先使用事先定义好的类别或范畴标记对于数据的实例进行标注，作为训练数据，机器根据这些标注好的训练数据进行自动学习，再根据学习得到的知识对于新的数据进行分类。由于用来学习的训练数据是用事先定义好的标记进行过标注的，机器学习的过程是在这些训练数据的指导下进行的，所以叫作有指导的学习。

在无指导的学习中，用来学习的语言大数据没有使用事先定义好的类别或范畴标记进行过标注，要使用机器学习的算法来自动地发现隐藏在数据中的结构或规律。这种无指导学习的一个关键技术是聚类，聚类技术根据数据实例的相同点或相异点，自动地把它们聚类为不同的组合。例如，可以把互联网的页面聚类为不同的组合，每一个组合代表一个特定的主题，也可以把文件聚类为不同的层次，每一个层次代表一个特定的主题层次。

有指导的学习要求事先人工标注语言大数据实例，需要付出巨大的人工的劳动量，费力而又费时，为了减少人工标注的劳动量，可以同时从标注过的数据实例和没有标注过的数据实例中进行学习，标注过的数据实例的集合可以比较小，而没有标注过的数据实例的集合可以很大，这样的模型叫作半指导的机器学习。

机器自动学习的这些方法已经成熟，而且广泛地应用于自然语言处理的研究中，这就从根本上改变了传统的获取语言知识的手段，对于自然语言处理的发展具有革命性的意义。

目前，基于多层神经网络的、以语言大数据作为输入的深度学习（Deep Learning, DL）方法引入到自然语言处理中。这是一种新型的机器自动学习。深度学习的训练方式是无监督的特征学习，使用多层神经网络的方法。这种多层神经网络是非线性的，可以重复利用中间层的计算单元，减少参数，计算机从海量的大数据中可以自动地产生模型的特征和算法。

最近，深度学习向神经网络中融入了记忆机制，把知识驱动（knowledge-driven）与数据驱动（data-driven）结合起来，架起了符号主义（symbolism）与连接主义（connectionism）之间的桥梁。

下面我们对于自然语言处理中的统计方法和神经网络方法的发展历史做简要的说明。

使用统计方法来研究语言的思想源远流长。学者们曾试图用统计方法来研究语言的频度分布、词长分布、语言风格。

1913 年，马尔可夫（A. Markov）提出了 N 元语法模型（N-gram model）的数学原理。他使用我们现在称之为“马尔可夫链”（Markov chain）的数学概念来预测普希金的《欧根·奥涅金》中下一个字母是元音还是辅音。Markov 把书中的 20,000 个字母分为 V（元音）和 C（辅音），并计算二元语法和三元语法的概率，如果要判定给定的字母是否为元音，需要根据它前面的一个或两个字母来决定。这就是二元语法和三元语法思想最早的萌芽，由此而可以推广为 N 元语法模型。

1948 年，香农（Shannon）通过对于 N 元语法的计算来逼近英语的单词序列，用事实说明了可以用 N 元语法来描述英语。在香农工作的基础上，基于马尔可夫模型的 N 元语法模型成为 20 世纪 50 年代普遍使用的单词序列的模型。

从乔姆斯基（Chomsky）1956 年的文章《语言描写中的三个模型》开始，他发表了一系列非常有影响的文章专著，其中包括他在 1957 年出版的《句法结构》等。乔姆斯基强有力地证明，"有限状态马尔可夫过程"尽管可能在工程方面会得到某些探索性的应用，但是，它不能作为人类语法知识的完美的认知模型。乔姆斯基对于有限状态马尔可夫过程的严厉批评影响了语言学界，使得很多语言学家和计算语言学家完全抛弃了 N 元语法这个统计模型。

N 元语法模型的复兴是从 IBM 公司和卡内基 – 梅隆大学（CMU）开始的。在香农的影响下，IBM 公司华生研究中心（Thomas J. Watson Research Center）的杰里奈克（Jelinek）、梅尔塞尔（Mercer）、巴尔（Bahl）和他们的同事们回过头来研究 N 元语法模型；在鲍姆（Baum）和他的同事们工作的影响下，卡内基 – 梅隆大学的贝克（Baker）也回过头来研究 N 元语法。这两个实验室在他们的语音识别系统中，独立地、成功地使用了 N 元语法。根据纳达斯（Nadas）在 1984 年的引证，IBM 公司的卡茨（Katz）首次把古德 – 图灵算法（Good-Turing algorithm）应用于 N 元语法的平滑算法（smoothing algorithm），对于大规模的语言数据进行平滑，克服数据稀疏的问题。1990 年，杰里奈克总结了在 IBM 公司的语言模型中应用 N 元语法模型以及其他早期的创新性的语言模型的情况。

至少在 1948 年,杰夫莱伊(Jeffreys)就在工程中应用平滑技术(smoothing approach)来解决统计分析中的零概率的问题,不过直到 20 世纪后期,自然语言处理中的数据平滑问题才引起了人们的注意。

1991 年,邱奇(Church)和盖尔(Gale)对古德 – 图灵算法及其证明做了很好的描述,他们也很好地描述了删除插值法和其他的新的平滑方法。1996 年,桑普森(Sampson)对古德 – 图灵算法做了深入的讨论。在 1994 年,邱奇和盖尔总结了"加一平滑算法"的一些问题。1991 年,威腾(Witten)和贝尔(Bell)提出了威腾 – 贝尔平滑方法(Witten-Bell smoothing)。正如邱奇和盖尔一样,1996 年,古德曼(Goodman)对于不同的平滑算法,其中包括"平均计数平滑算法"(average-count)和"一计数平滑算法"(one-count)进行了经验性的比较。1997 年,莱尔(Lyer)和奥斯滕多尔夫(Ostendorf)提出了一种从附加的语料库中添加数据来进行平滑的方法。

语言模型的一些最新的工作集中在探讨建立更加复杂的 N 元语法的方法方面。这些方法包括:库恩(Kuhn)和德莫利(De Mori)在 1990 年提出的给当前已经发生的 N 元语法附加权值的方法,也就是"存贮 LM 法"(cache LM),罗森菲尔德(Rosenfeld)等在 1996 年提出的选择长距离触发器(long-distance trigger)来替代局部 N 元语法的方法,奈伊(Ney)等在 1994 年提出的使用可变长 N 元语法(Variable-length N-grams)的方法。

另外一种类型的方法是使用语义信息来丰富 N 元语法,这些方法包括：基于潜在语义索引（latent semantic indexing）的语义词联想方法；德美特里欧（Demetriou）等在1997年提出的从联机词典和类属词典中提取语义信息的方法。基于类的N元语法（Class-based N-grams）根据单词的类别（例如词类）来建立N元语法的方法。最后，还有一系列的提升N元语法的方法是基于话语知识的，例如，弗洛里安（Florian）和雅罗夫斯基（Yarowsky）在1999年提出的使用当前话题的知识来提升N元语法的方法或使用言语行为和对话知识来提升N元语法的方法。

20世纪90年代以来，基于统计的计算语言学方法的形式模型有了进一步发展，包括噪声信道模型（noisy channel model）、最大熵模型（Max-Entropy model）、基于平行概率语法的形式模型（如中心词转录机模型、同步上下文无关语法模型、反向转录语法模型等）。在机器翻译方面，学者们提出了基于短语的统计机器翻译模型（phrase-based statistical MT model）、基于句法的统计机器翻译模型（syntax-based statistical MT model）。

逻辑斯蒂回归（logistic regression）最早是在统计学领域发展起来的。在20世纪60年代用于分析二元数据，特别在医学领域使用得很普遍。从20世纪70年代开始广泛地在语言学中应用，作为语言变异研究的形式基础。

不过在20世纪90年代之前，逻辑斯蒂回归在自然语言处理中应用得并不普遍，主要应用于信息检索、语音识别和计量语言学等领域。这些领域中都使用了逻辑斯蒂回归的方法，并且也采用了其他的统计技术。20世纪90年代初期，IBM公司在自然语言处理中使用了逻辑斯蒂回归，而且这种方法也普遍地用于语言建模、文本分类、情感分类、词类标注、句法分析、同指排歧等领域。这样一来，逻辑斯蒂回归便成为了计算语言学中一种重要的统计方法。

神经网络（Neural Network，简称 NN）是自然语言处理的一种基本计算工具，并且是出现得很早的一种工具。之所以叫作“神经”是因为它源自于 1943 年心理学家麦卡洛克（Warren McCulloch）和数学家皮茨（Walter Pitts）提出的神经元（neuron）。神经元是一种人类神经的可计算单元的简化模型，可以使用命题逻辑（propositional logic）来描述。

现代的神经网络是由一些小的计算单元构成的网络，神经网络中的每一个单元取一个输入值向量，产生一个输出值。因为神经网络在其计算过程中要反复地从神经网络的一个层（layer）馈入到另一个层，我们常常把这叫作深度学习（Deep Lcarning，简称 DN），由于这种神经网络通常具有多个层次，因而是一种有深度的网络。

神经网络与逻辑斯蒂回归（logistic regression）有很多数学内容是相同的。但是，神经网络比逻辑斯蒂回归具有更加强大的分类能力，哪怕是在技术上只有一个隐藏层的神经网络也能够学习任何的函数。神经网络分类器与逻辑斯蒂回归分类器还有其他方面的差别。对于逻辑斯蒂回归分类器，学者们研制了很多基于领域知识的特征模板来执行不同的任务。但是在神经网络中，应当尽量避免过多地使用手工的方式来设计语言特征，而是要建立一个神经网络，把原始的、大规模的、真实的数据作为输入进行深度学习，让计算机自动地从语言数据中推导出各种特征，并把这作为分类学习过程的一个部分。层次很深的神经网络在表示学习方面的表现非常优秀。正是由于这样的原因，深度神经网络是大规模自然语言处理的很恰当的工具，它可以为自动地学习语言特征提供充分的数据。

神经网络的发展大致可以分为五个阶段：萌芽创业期、第一个低潮期、复苏振兴期、第二个低潮期、崛起繁荣期。分述如下：

- **创业期**：萌芽创业期为 1943—1969 年，是人工神经网络发展的第一个高潮期。在这个时期，科学家们提出了许多神经元模型（neuron models）。在 1943 年，心理学家麦卡洛克和数学家皮茨描述了一种理想化的人工神经网络，并构建了一种基于简单逻辑运算的计算机制。这个神经网络模型叫作麦卡洛克－皮茨模型（简称 MP 模型），由此开启了人工神经网络研究的序幕。图灵（Allen Turing）在 1948 年的论文中描述了一种"图灵机"（Turing machine）。之后，研究人员将赫布规则（Hebb rule）应用到"图灵机"上。1951 年，麦卡洛克和皮茨的学生明斯基（Minsky）建造了第一台模拟神经网络的机器，叫作 SNARC。1958 年，罗森布拉特（Frank Rosenblatt）提出一个可以模拟人类感知能力的神经网络模型，叫作"感知机"（Perceptron），并提出了一种接近于人类学习过程的学习算法。但是，因为这种感知机的结构过于单纯，不能解决简单的线性不可分问题。在这一时期，人工神经网络以其独特的结构和处理信息的方法，在自动控制、模式识别等应用领域中取得了初步的成效。
- **第一个低潮期**：第一个低潮期为 1969—1983 年，在这个时期人工神经网络第一次跌入低谷。在此期间，人工神经网络的研究处于长达 15 年的停滞状态。1969 年,明斯基和帕佩特(Seymour Papert)出版《感知机:计算几何简介》一书,他们除了指出感知机不能解决线性不可分问题之外,还指出了当时的计算机难以提供支持大型神经网络运行所需要的计算能力。这样的论断直接把以感知机为代表的人工神经网络打入冷宫,导致人工神经网络的研究陷入了“低谷”。后来学者们发现给感知机添加隐藏层可以解决线性不可分问题,多层感知机和深度学习的研究开始引起了人们的关注。1974 年,哈佛大学的魏博思(Paul Webos)发明反向传播算法,但当时未受到应有的重视。1980 年,福岛邦彦(Fukushima)提出了一种带卷积和子采样操作的多层神经网络,叫作新知机(Neocognitron)。新知机的提出受到了动物初级视皮层简单细胞和复杂细胞的感受野的启发,但新知机没有采用反向传播算法,而是采用了无监督机器学习的方式来训练,因此也没有引起学术界的重视。这些都导致了人工神经网络的研究长期处于低潮状态。

· **复苏振兴期**:复苏振兴期为 1983—1995 年,为神经网络发展的第二个高潮期。这个时期中,由于给感知机添加隐藏层解决了线性不可分问题,反向传播算法重新激发了人们对人工神经网络的兴趣。1983 年,美国加州理工学院的物理学家何普菲尔德(John Hopfield)提出了一种用于联想记忆以及优化计算的人工神经网络,称为何普菲尔德网络(Hopfield network)。何普菲尔德网络在解决“旅行商问题”上获得当时最好结果,并引起了轰动,促进了人工神经网络的复苏。1984 年，辛顿（Geoffrey Hinton）提出一种随机化版本的何普菲尔德网络，即玻尔兹曼机（Boltzmann machine）。真正推动人工神经网络振兴的是反向传播算法。1986 年，鲁默哈特（David Rumelhart）和麦克兰德（James McClelland）对于连接主义在计算机模拟神经活动中的应用进行了全面的研究，并改进了反向传播算法。辛顿等人将反向传播算法引入到多层感知机的研制中，于是人工神经网络又重新引起人们的关注，成为人工智能研究中的新热点。随后，杨乐坤（Yann LeCun）等人将反向传播算法引入到卷积神经网络（Convolutional Neural Network，CNN）中，并应用在手写体数字自动识别方面，降低了误识率，推动了人工神经网络的研究。

- **第二个低潮期**：可是好景不长，人工神经网络不久就进入了第二个低潮期。第二个低潮期为 1995—2006 年，持续达 11 年之久。在第二个低潮期，基于统计的支持向量机（Support Vector Machine, SVM）和其他更简单的统计方法（例如线性分类器）在机器学习领域的流行度逐渐超过了人工神经网络。虽然人工神经网络可以通过增加神经元数量的方式来构建复杂的网络，但其计算复杂性也随之呈指数级增长，当时的计算机性能和数据资源的规模都不足以支持训练大规模的人工神经网络。在 20 世纪 90 年代中期，统计机器学习理论和以支持向量机为代表的机器学习研究在自然语言处理中独占鳌头。而人工神经网络则相形见绌，它的理论基础不够扎实、优化比较困难、可解释性差等这些缺点更加凸显出来，于是，人工神经网络的研究又一次跌入了低谷。

- **崛起繁荣期**：2006年，辛顿和萨拉库提诺夫（Salakhutdinov）研制了多层前馈神经网络，这种人工神经网络通过逐层预训练（pre-training），再使用反向传播算法进行微调（fine-tuning），取得了很好的机器学习的效果，从而使得人工神经网络迈出低谷，再次崛起，并且逐渐走向了繁荣，推动了人工智能的大发展。随着深度的人工神经网络在语音识别、图像分类、机器翻译、智能问答等应用领域中的巨大成功，以人工神经网络为基础的深度学习迅速崛起。近年来，随着大规模并行计算以及GPU（Graphic Processing Unit）设备的普及，计算机的计算能力得到进一步的大幅度提高，可供机器学习的数据资源的规模也越来越大。在算力、算法和大数据算料资源的支持下，计算机已经具备了训练大规模人工神经网络的能力，于是，各大科技公司纷纷投入巨资来研究深度学习，人工神经网络再次崛起，进入了它的第三个高潮。深度学习需要在大规模真实的语料库（算料）的基础上进行，这对于资源丰富的语言（如英语、汉语、法语）来说，可以取得显著的成效，可是，对于那些资源贫乏的语言（如藏语、维吾尔语、彝语）来说，由于缺乏充足的语言数据，难以保证深度学习的效果。为此，在深度学习的基础之上，自然语言处理中就提出了“迁移学习”（transfer learning）和“预训练”的问题。于是，除了深度学习这种模型之外，自然语言处理中又出现了一个新的模型——“预训练模型”（pre-training model）。“预训练模型”已经成为深度学习时代自然语言处理研究的新模型。这不仅使得多种自然语言处理的任务达到了新的高度，而且大大地降低了自然语言处理模型在实际应用场景中落地的门槛。为了衡量计算机理解自然语言的能力，美国华盛顿大学、Facebook 和 DeepMind 等单位在 2019 年提出了人工智能基准测试的一个项目，叫作 SuperGlue，自然语言理解任务包括智能问答、语言推理、词义排歧、指代消减等。在最近的 SuperGlue 测试中，微软公司的 DeBERTa 模型和谷歌公司的 T5+Meena 模型都取得了很好的成绩，有的指标甚至超过了人类的基准线。OpenAI 公司研制的 ChatGPT 在人工智能中引起了一场史无前例的海啸，举世瞩目。

由上所述可以看出，神经网络的发展经历了一个由高潮和低潮交互而成的马鞍形曲折过程：

萌芽创业期——>第一个低潮期——>复苏振兴期——>第二个低潮期——>崛起繁荣期。

现在神经网络正处于崛起繁荣期的第三次高潮之中，并进一步迈入了“大语言模型”（Large Language Models，LLMs）的新时代。

第二章　从基于规则的机器翻译到统计机器翻译

《中文信息处理与汉语研究》一书中介绍的机器翻译系统都是建立在语言规则和机器词典基础之上的，采用的是符号主义（symbolism）方法，机器翻译的研究者必须对于语言规则进行形式化的描述，提取语言学特征，建立大规模的机器词典，描述规则和编制词典是一项规模宏大的"语言特征工程"（language feature engineering），这些系统都是基于规则的机器翻译（Rule-Based Machine Translation，简称 RBMT）系统。

法国计算语言学家沃古瓦（B. Vauquois）于 1968 年提出沃古瓦三角形（Vauquois Triangle），又叫作机器翻译金字塔（pyramid of machine translation），用于表示基于规则的机器翻译的过程和类别。如图 2.1 所示：

在沃古瓦三角形中，机器翻译从源语言（source language）开始，首先进行源语言形态分析，接着进行源语言句法剖析，然后进行源语言浅层语义分析和概念分析，分析完成后就进行目标语言（target language）生成，首先进行目标语言的概念生成，再进行目标语言的语义生成，接着进行目标语言的句法生成，然后进行目标语言的形态生成，产生出目标语言。沃古瓦三角形的顶端是中间语言（interlingua），这是独立于源语言和目标语言规范的语义表达形式。

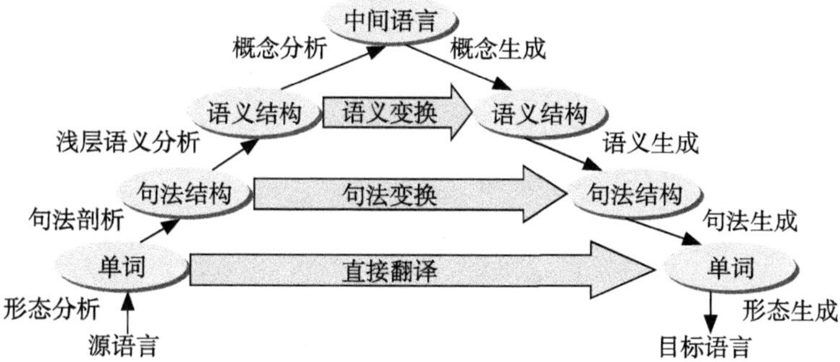

图 2.1　沃古瓦三角形

基于规则的机器翻译取得了不少成绩，自然语言形式分析的技术有了很大的进展，我们使用计算机，自动地构造出了自然语言句子的句法结构，这是传统语言学家做不到的。

在自然语言处理中，我们使用短语结构语法（phrase structure grammar）的分析技术，可以自动地生成短语结构树来表示句子的句法结构。例如，英语句子“The cat the dog the rat bit chased likes tuna fish”（老鼠咬过的狗追赶着的猫喜欢金枪鱼）可以分析为如下的短语结构树（图 2.2）：

这个句子具有多层嵌套，结构十分复杂，可以看出，计算机造出的短语结构树是正确的。

我们使用依存语法（dependency grammar）的分析技术，还可以自动地生成依存树来表示句子的依存关系。例如，英语句子“Alice saw Bob”（爱丽丝看见波普）可以分析成如下的依存树（图 2.3）：

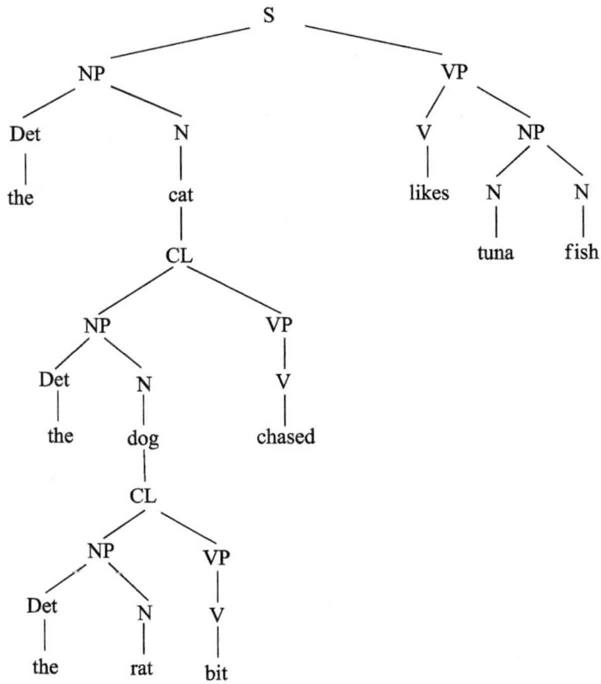

图 2.2 短语结构树

更加复杂的英语句子“Alice, who had been reading about SyntaxNet, saw Bob in the highway yesterday”（最近在读关于句法网络那本书的爱丽丝昨天在高速公路上看见了波普）可以自动分析成如下的依存树(图 2.4)：

在基于规则的机器翻译研究中，学者们还提出了很多新的方法，自然语言处理取得了长足的进步。

1970 年，法国学者科尔迈洛埃(Colmerauer)和他的同事们使用逻辑方法研制了 Q 系统(Q-system)和“变形语法”

（metamorphosis grammar）并在机器翻译中得到应用，科尔迈洛埃还是 Prolog 语言的先驱者，他使用逻辑程序设计的思想设计了 Prolog 语言。

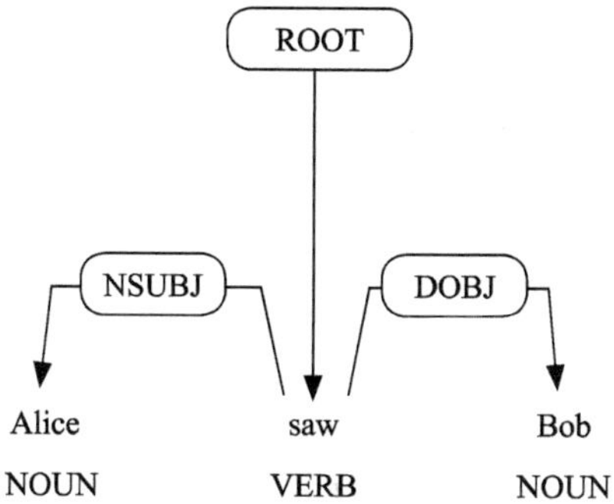

图 2.3　依存树

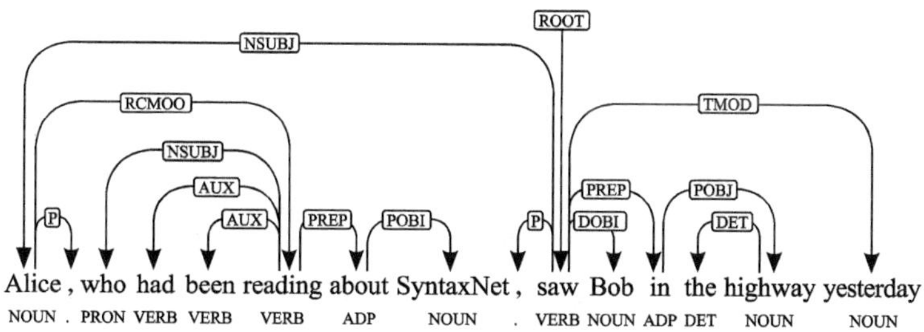

图 2.4　复杂的依存树

1980 年美国学者佩瑞拉（Pereira）和瓦楞（Warren）提出的“定子句语法”（Definite Clause Grammar）也是在自然语言处理中使用逻辑方法的成功范例之一。

1979 年凯伊（Kay）提出“功能合一语法”（Functional Unification Grammar，简称 FUG），1982 年布列思南（Bresnan）

和卡普兰(Kaplan)提出“词汇功能语法”(Lexical Function Grammar,简称LFG)他们的研究引入了“复杂特征”(complex features)的概念。

1979年10月,冯志伟被中国科学技术大学研究生院选派到法国格勒诺布尔理科医科大学应用数学研究所(IMAG)留学,同时又作为中国科技信息研究所的研究人员在这里进修机器翻译。在此期间,冯志伟在导师沃古瓦的指导下提出了“多叉多标记树形图模型”(Multiple-branched Multiple-labeled Tree Model,简称MMT模型),在他设计的多语言机器翻译“法吉拉”系统(简称FAJRA系统,FAJRA是英语、法语、日语、俄语、德语的法文首字母缩写)中,采用了“多标记”(multiple labels)的概念,提高了多语言机器翻译的质量,把汉语自动地翻译成法语、英语、日语、俄语、德语等五种语言,这是世界上第一个把汉语翻译成多种外语的机器翻译系统,开多语言机器翻译之先河。1981年11月冯志伟从法国回国后,又使用MMT模型研制了GCAT德汉机器翻译系统和FCAT法汉机器翻译系统。冯志伟提出的“多标记”(multiple labels)的概念与“复杂特征”(complex features)的概念在实质上是一致的,这些关于自然语言特征结构的研究成果,都有效地克服了乔姆斯基(N. Chomsky)短语结构语法的生成能力过强的缺陷。

1976年,加拿大蒙特利尔大学与加拿大联邦政府翻译局联合开发了基于规则的实用性机器翻译系统TAUM-METEO,能够提供天气预报服务。这个机器翻译系统投入使用之后,每小时可以翻译6万—30万个词,每天可以翻译1500—2000篇天气预报的资料,并能够通过电视、报纸立即公布。这样的翻译效果在当时的技术条件下是难能可贵的。TAUM-METEO 系统是基于规则的机器翻译成功的范例，是机器翻译发展史上的一个里程碑。

在中文信息处理中，中国社会科学院语言研究所研究员刘倬（1933—2022）从 1975 年开始研制 JFY 型英汉翻译系统。JFY 型翻译系统是 JFY–I 型、II 型、III 型、IV 型、V 型翻译系统的总称。这套系统的研制经历了十多个年头。JFY–I 型翻译系统（1976—1978）是一套题录翻译系统。JFY–II 型翻译系统（1978—1980）是一套全文翻译系统。以上两套系统是与中国科技信息研究所等单位共同研制的。JFY–III 型翻译系统（1980—1982）是与中国军事科学院共同研制的，又称科译一号机器翻译系统，获国家科技进步二等奖和中国人民解放军全军科技进步二等奖。以上三套系统都是试验性的，目的是从理论到技术上探索研制机器翻译规则系统的方法和经验。JFY–IV 型翻译系统（1983—1987）是一套准备商品化的应用系统。在系统设计方面，从 1982 年起经历了三次重大的原则性改变，在 1987 年做出了 JFY–IV 型翻译系统的定型设计，翻译效果较好，为这个系统的商品化开发创造了条件。JFY–V 型英汉机器翻译系统（1988—1993）又称高立机器翻译系统，初步实现了商品化，高立机器翻译系统收词 60 000 条，语法规则 800 条，背景知识规则 150 条，每小时可以翻译 12 000 词，于 1993 年获得北京市科技进步三等奖。

1988 年，董振东和董强研制了“知网”（HowNet）。知网是一个词典知识描述系统，描述的词汇包括汉语和英语两种语言，这两种语言是相对独立的，它们的词语之间的对应是建立在相同的词性描述的基础之上的。后来,知网还进一步研究了概念关系的计算、概念相似度的计算等问题,并把知网应用于机器翻译系统的开发。

1995 年,冯志伟与董亦农等合作,在北京的 JEC 公司研制了 E-to-J 英日机器翻译系统,该系统由日本的 NEC 公司加载在他们的词语处理机上推向市场。

由于自然语言极为复杂,既涉及语言内部的规则,还涉及语言外部的各种常识,用有限的规则难于穷尽地描述千变万化的语言现象和语言外部常识,基于规则的机器翻译尽管在有限规模的“子语言”(sub-language)中取得局部的成功,但是一旦扩大语言的规模或种类,就往往显得捉襟见肘,难以对付,机器翻译的忠实性(fidelity)和流畅性(fluency)都不理想,翻译的质量不高。

1993 年 7 月在日本神户召开的第四届机器翻译高层会议(MT Summit IV)上,英国学者哈钦斯(J. Hutchins)在他的特约报告中指出,自 1989 年以来,机器翻译的发展进入了一个新纪元。这个新纪元的重要标志是,在基于规则的技术中引入了语料库方法,进行统计机器翻译(Statistical Machine Translation,简称 SMT)。这种建立在大规模真实文本处理基础上的统计机器翻译,是机器翻译研究史上的一场革命,它将会把自然语言处理推向一个崭新的阶段。

进入 21 世纪以来,语料库方法已经渗透到了机器翻译研究的各个方面,一些基于语料库的统计机器翻译系统如雨后春笋般地建立起来。统计机器翻译系统采用了噪声信道模型、隐马尔可夫模型、最大熵模型、支持向量机模型、条件随机场模型,通过机器学习的方式从大规模真实的语料库中获取翻译知识，有的统计机器翻译系统把基于语料库的方法和基于规则的方法巧妙地结合起来，取得了可喜的成绩。

早在1947年，韦弗（W. Weaver）在他的以《翻译》（Translation）为题的备忘录中就首次提出了机器翻译（machine translation）问题[①]。在这份备忘录中，韦弗说：

"随附的备忘录中探讨了从一种语言到另外一种语言的翻译，以及利用高速、大容量及具有逻辑灵活性的现代计算设备实现这个过程的可能性。我怀着一种希望写下这份备忘录：希望它能以某种方式启发那些具有技术、知识和想象力的人，去开启这一个领域。我曾经很担心这些想法的朴素和简单，但在我看来，这个问题是这样地重要，我愿意暴露自己的无知，希望我的真实意图可以稍微掩盖我的无知。"

这段话显示了韦弗对于"机器翻译"这个新思想充满了憧憬和希望。

韦弗还提出了使用解读密码的方法来进行机器翻译，他认为翻译类似于解读密码的过程。他说：

"当我阅读一篇用汉语写的文章的时候，我可以对自己说，这篇文章实际上是用英语写的，只不过它是用另外一种奇怪的

---

① Weaver, W. (1949). Translation. In: Locke, W. N. and Booth, A. D. (eds.) *Machine Translation of Language: Fourteen essays*. Cambridge, Mass.: Technology Press of Massachusetts Institute of Technology, pp.15–23.

符号编了码而已。现在我要进行解码。”①

他的这段话非常重要，广为流传，我们把英文原文写在下面：

“When I look at an article in Chinese, I say to myself, it is really written in English but it has been coded in some strange symbols. I will now proceed to decode.”

这段话中，韦弗首先提出了用解读密码的方法进行机器翻译的想法，这种想法成为后来”噪声信道理论”（noisy channel theory）的滥觞。

这种所谓“解读密码”的方法实质上是一种统计的方法，实施起来要进行大量的数学运算，韦弗在 1947 年提出的这种方法，实质上就是想使用基于统计的方法来解决机器翻译问题。

由于在韦弗的那个时代，还缺乏高性能的计算机和大规模的联机语料，采用基于统计的机器翻译在技术上还不成熟。韦弗的这种方法尽管有高瞻远瞩的洞见，却是难以付诸实现的。后来这种局面已经大大改变了，计算机在速度和容量上都有了大幅度的提高，也有了大量的联机语料可供统计使用，因此，在 20 世纪 90 年代，基于统计的机器翻译又兴盛起来。

由于大规模语料库（large-scale corpus）的发展，建成了像“汉莎尔德”（Hansard）这样的加拿大议会会议录大规模语料库，汉莎尔德语料库中包含英语和法语的双语语料，有助于研究者使用统计方法，从大规模、真实的语料库中提取语言特征知

① 此处“用汉语写的文章”在有的引文中为“用俄语写的文章”，经查对原文，“用俄语”应更正为“用汉语”。原文请参看 W. Weaver, Warren Weaver’s memorandum in 1949: *Translation, Milestones in Machine Translation*。

识。由于互联网（Web）的发展，机器翻译研究者也可以从互联网网页上获得大规模、真实的语料，语料库成为统计机器翻译的重要知识来源。统计机器翻译研究者可以运用单词本身信息或句子长度信息等简单的提示信息，从双语语料库中抽取对齐的双语句子，获取丰富的语言特征知识。语料库和统计方法的使用明显提高了机器翻译的质量。

与此同时，IBM 公司直接根据语音识别中的“噪声信道模型”（noisy channel model）提出两个相关的统计机器翻译范式。

一个范式是布朗（P. F. Brown）等人研制的统计机器翻译生成算法，叫作 IBM 模型（包括 1—5 个模型），通过“坎戴德系统”（Candide System）来实现，其生成算法的细节（除了解码器之外）已经公之于众，美国政府对于“坎戴德系统”给了部分资助，从而有力地支持了这个研究团队的工作，“坎戴德系统”的机器翻译质量超过了基于规则的机器翻译系统。

另一个范式是 IBM 公司的贝尔格（A. Berger）等提出的最大熵算法（Maximum Entropy algorithm，简称 MaxEnt 算法），这是一种逻辑回归算法，可以把各种不同的语言特征分别结合起来，而不是仅仅生成。

2002 年，奥赫（F. J. Och）改进了这种算法，提出了分辨训练方法（discriminative training approach），进一步提高了统计机器翻译质量。

世纪之交，大多数机器翻译研究都转向采用统计方法。在统计机器翻译中，马尔库（D. Marcu）等学者提出了基于短语的统计机器翻译（Phrase-based SMT）方法，这种方法使用短语偶对（phrase pairs）来提升统计机器翻译的效果。在机器翻译评测中，帕皮内尼（K. Papineni）等研制了用于评测的指标 BLEU（Bi-Lingual Evaluation Understudy），并使用对数线性模型来优化像 BLEU 这样的评测指标。奥赫还提出了"最小错误率训练"（Minimum Error Rate Training，MERT）的机器翻译评测方法，这类方法来自语音识别模型。

奥赫和奈依还开发了 GIZA 这样的统计机器翻译工具包，科恩（P. Koehn）等又开发了 Moses 这样的统计机器翻译工具包。

在世纪之交还出现了一些统计机器翻译新方法是基于短语和句法结构的，这类方法主张把基于统计的经验主义方法与基于规则的符号主义方法结合起来。例如，基于"转录语法"（transduction grammar）的模式把一个并行的句法树结构指派给语言中的一个句子偶对，对句法树进行调整词序的操作，就可以改善目标语言句子的译文。从生成的角度来看，我们可以把转录语法看成是在两种语言中生成对齐的句子偶对（sentence pair）的方法，在这方面使用得最广泛的转录语法有"反向转录语法"（inversion transduction grammar）和"同步上下文无关语法"（synchronous context-free grammar）。这些统计机器翻译系统尽管使用了统计方法，但是仍然关注着基于规则的符号主义方法。

基于统计的机器翻译把机器翻译问题看成是一个"噪声信道"（noisy channel）问题，如图 2.5 所示：

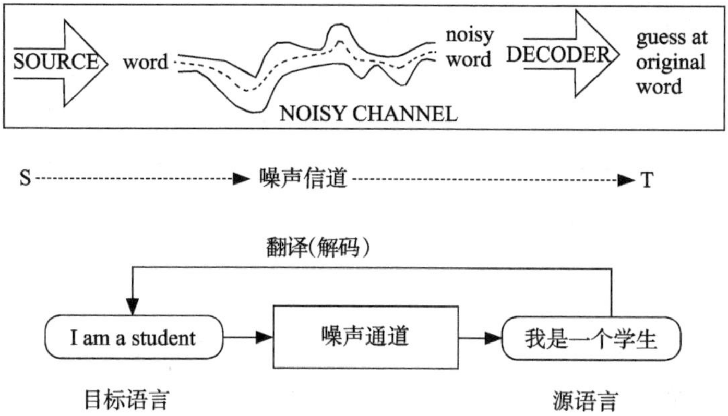

图 2.5　噪声信道模型

可以这样来看机器翻译：一种语言 S 由于经过了一个噪声信道而发生了扭曲变形，在信道的另一端呈现为另一种语言 T，翻译问题实际上就是如何根据观察到的语言 T，恢复最为可能的语言 S。语言 S 是信道意义上的输入，在翻译意义上就是目标语言，语言 T 是信道意义上的输出，在翻译意义上就是源语言。从这种观点看来，一种语言中的任何一个句子都有可能是另外一种语言中的某几个句子的译文，只是这些句子的可能性各不相同，机器翻译就是要找出其中可能性最大的句子，也就是对所有可能的目标语言 S 计算出概率最大的一个作为源语言 T 的译文。

由于 S 的数量巨大，可以采用栈式搜索（stack search）的方法。栈式搜索的主要数据结构是表结构，表结构中存放着当前最有希望的对应于 T 的 S，算法不断循环，每次循环扩充一些最有希望的结果，直到表中包含一个得分明显高于其他结果的 S 时结束。这种栈式搜索不能保证得到最优的结果，它会导致错误的翻译，因而只是一种次优化算法。

可见，统计机器翻译系统的任务就是在所有可能的目标语言T（这里指翻译意义上的目标语言，也就是噪声信道模型意义上的源语言）的句子中寻找概率最大的那个句子作为源语言S（这里指翻译意义上的源语言，也就是噪声信道模型意义上的目标语言）的翻译结果。其概率值可以使用贝叶斯公式（Beyes formula）得到（注意，下面公式中的T和S与上面的含义不一样，下面公式中的T是在翻译意义上的目标语言，S是在翻译意义上的源语言）：

$$P(T \mid \mathrm{S})=\frac{P(T)P(S \mid T)}{P(S)} \tag{1}$$

由于等式（1）右边的分母P(S)与T无关，因此，求P(T|S)的最大值相当于寻找一个最接近于真实的目标语言句子T的$\hat{\mathrm{T}}$，使得等式右边分子的两项乘积P(T)P(S|T)为最大，也就是：

$$\hat{T}=\underset{T}{\operatorname{argmax}}\, P(T)P(S \mid T) \tag{2}$$

在等式（2）中，P(T)是目标语言的"语言模型"（Language Model，简称LM），P(S|T)是给定T的情况下S的"翻译模型"（Translation Model，简称TM）。根据语言模型和翻译模型，求解在给定源语言句子S的情况下最接近真实的目标语言句子$\hat{\mathrm{T}}$的过程，这相当于噪声信道模型中解码（decoding）的过程。

从翻译的意义上可以这样解释等式（2）：假定有一个目标语言的文本T（指翻译意义上的目标语言，也就是噪声信道模型意义上的源语言），经过了某个噪声信道后变成源语言 S（指翻译意义上的源语言，也就是噪声信道模型意义上的目标语言），源语言文本 S 是由目标语言 T 经过了奇怪编码的扭曲变形之后而得到的，机器翻译的目的，就是要把 S 还原成 T，这样一来，机器翻译的过程就可以看成一个解码的过程（图 2.6）。

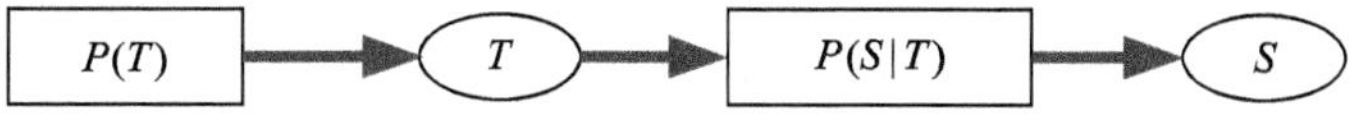

图 2.6　统计机器翻译的过程是一个解码的过程

在图 2.6 中，P(T) 是目标语言文本的语言模型，它与源语言无关，P(S|T) 是在考虑目标语言 T 的条件下，源语言 S 的条件概率，它是翻译模型，反映了两种语言翻译的可能性，与源语言和目标语言都有关。

在 IBM 公司布劳恩（Peter F. Brown）发表的关于统计机器翻译的经典性论文中，公式（2）被称为“统计机器翻译的基本方程式”（Fundamental Equation of Statistical Machine Translation）。

根据统计机器翻译的基本方程式（2）可知，统计机器翻译翻译系统要解决三个问题：

1. 语言模型 P(T) 的参数估计；

2. 翻译模型 P(S|T) 的参数估计；

3. 设计有效快速的搜索算法（解码器）来求解 $\hat{T}$，使得 P(T) P(T|S) 最大。

根据这样的思想，一个统计机器翻译的框架可以表示如下（图 2.7）：

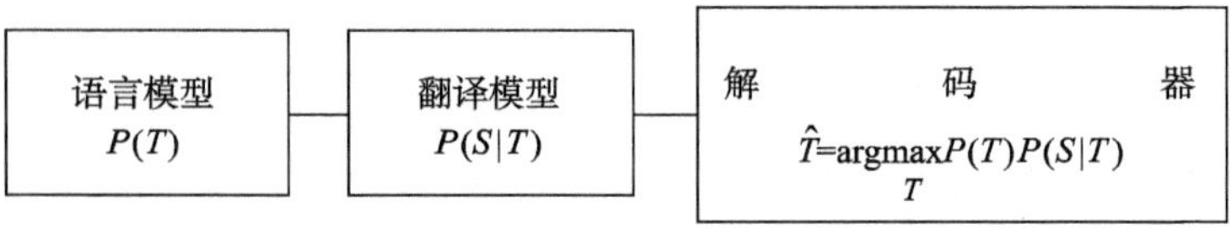

图 2.7　统计机器翻译系统的框架

可见,一个统计机器翻译系统应当包括语言模型(LM)、翻译模型(TM)和解码器(Decoder)三个部分。

语言模型 P(T) 表示 T 像一个目标语言中的句子的程度,它反映译文的流利度(fluency)。翻译模型 P(S | T) 表示目标语言 T 像源语言 S 的程度,它反映目标语言 T 对于源语言 S 的忠实度(adequacy)。

著名学者严复(1854—1921)提出翻译应当遵从“信达雅”三个标准,鲁迅(1881—1936)把严复的标准简化为“顺”和“信”两个标准。根据我们的常识,好的机器翻译的译文应当是流畅的,同时又应当是忠实于源语言的,就是说,既要“顺”,又要“信”。鲁迅的“顺”这个标准反映了“统计机器翻译的基本方程式”中对于“语言模型”的要求,鲁迅的“信”这个标准反映了“统计机器翻译的基本方程式”中对于“翻译模型”的要求。在统计机器翻译中联合地使用语言模型和翻译模型,既考虑了译文的“顺”,又考虑了译文的“信”,其效果应该比单独地使用翻译模型好,如果仅仅考虑翻译模型,由于只考虑了“信”而忽视了“顺”,就常常会导致一些不通顺的译文。由此可见,“统计机器翻译的基本方程式”中的语言模型反映了传统翻译理论中的“顺”,“统计机器翻译的基本方程式”中的翻译模型反映了传统翻译理论中的“信”,在直觉上,统计机器翻译的原则与传统的翻译理论并没有冲突。

对于语言模型的概率计算，也就是给定一个句子

$$t_1^l = t_1 t_2 \ldots t_l$$

计算它的概率：

$$P(t_1^l) = P(t_1)P(t_2|t_1)\ldots P(t_l|t_1 t_2 \ldots t_{l-1}) \qquad (3)$$

例如，句子 I saw water on the table（“我看见桌子上的水”）的二元语法的概率为：

P(I saw water on the table) = P(I | START) * P(saw | I) * P(water | saw) * P(on | water) * P(the | on) * P(table | the) * P(END | table)

显而易见，这是一个 N 元语法（N-gram）问题。

对于翻译模型概率的计算，关键在于如何定义目标语言句子中的单词与源语言句子中的单词的对应关系。

这里我们来讨论英语和法语单词对齐的一些例子。

在句子偶对（John loves Mary | Jean aime Marie）中，我们看到英语单词 John 生成了法语单词 Jean，loves 生成了 aime，Mary 生成了 Marie，这时，我们就说，John 和 Jean 对齐，loves 和 aime 对齐，Mary 和 Marie 对齐。

那么，我们怎样来发现句子中两种语言的单词之间的这种对齐关系呢？下面就讨论这个问题。

假定我们有三组法语短语 la maison，la maison bleue，la fleur，它们与三组英语短语相互对应，从理论上来说，在每一组中的每一个单词，都可以与同一组中另一种语言的所有的单词相对应。这种复杂的对应关系如图 2.8 所示：

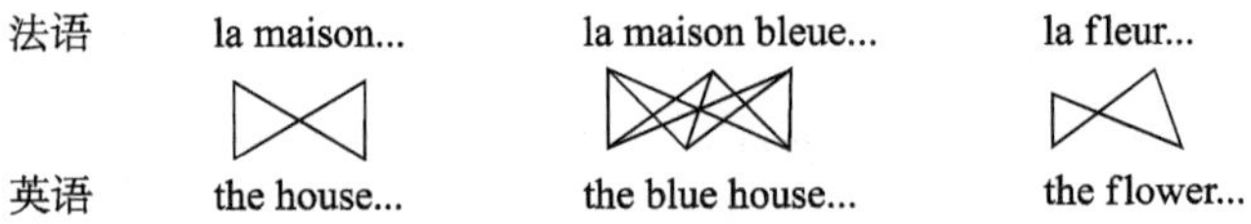

图 2.8 单词之间的复杂对应关系

但是,我们观察到,法语的 la 和英语的 the 在每一组中都同时出现,它们同时出现的频度最大,因此,法语的 la 应当与英语的 the 对齐。法语的 maison 与英语的 house 在两个组中同时出现,它与英语的 the 也在两个组中同时出现,但是,由于英语的 the 已经与法语的 la 相对应,它不可能再与法语的 maison 对应,因此,我们可以判断,法语的 maison 应当与英语的 house 对齐。在第二组 la maison bleue 中, la 和 maison 都已经确定了英语的对应单词分别为 the 和 house,因此, bleue 必定与英语的 blue 对齐。在第三组 la fleur 中,既然法语的 la 已经与英语的 the 相对应,那么, fleur 必定与英语的 flower 对齐。这样,我们不难得到如下的对齐结果(图 2.9):

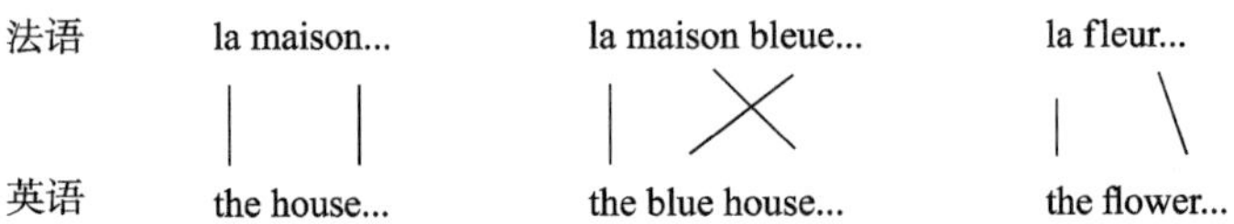

图 2.9 单词之间的对齐结果

在统计机器翻译中,我们使用“期望最大”(Expectation Maximization,简称 EM)算法来发现上述隐藏在两种语言结构后面的单词之间的对应关系,进行单词对齐;这个算法可以采用 GIZA++ 软件来实现。

上面是一对一的对齐，我们再进一步讨论比较复杂的对齐情况。

在句子偶对（And the program has been implemented | Le programme a été mis en application）中，单词的对齐关系如图 2.10 所示：

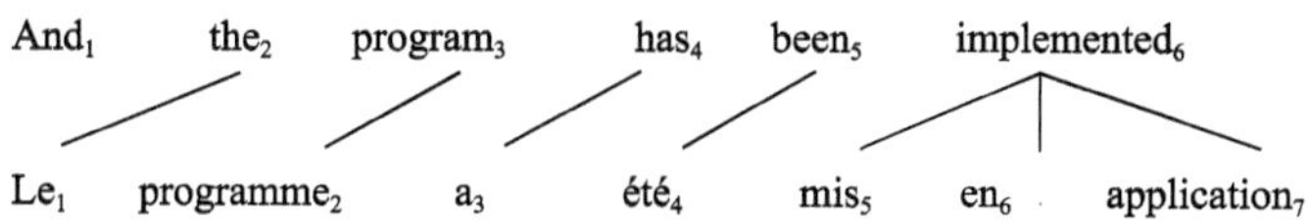

图 2.10　单词对齐的复杂情况

可以看出，在法语的句子中，英语的 and 没有相应的对应单词，这是“一对零”的情况；而英语单词 implemented 则对应于三个法语单词 mis en application，这是“一对多”的情况。

如果从法语的角度来看英语，在表示这种对齐关系的时候，只要在英语的相应单词上标上法语单词的编号就行了，用 IBM 公司布劳恩（Peter F. Brown）的表示方法，其对齐情况可以写为：

(Le programme a été mis en application | And the(1) program(2) has(3) been(4) implemented(5, 6, 7))

由于英语的 and 在法语句子中没有对应的单词，因此，and 后面没有出现相应的数字。这是“一对零”的情况。

实际上，在两种语言的翻译中，单词之间除了“一对一”“零对一”“一对零”的情况之外，还有“一对多”“多对一”“多对多”的情况，单词对齐是一个非常复杂的问题。

在目标语言句子 T 的长度为 ℓ（包含 1 个单词），源语言句子 S 的长度为 m（包含 m 个单词）的情况下，T 和 S 之间有 $\ell \times m$ 种不同的对应关系。在使用解码器进行搜索时，要在所有的 t_1^l 中，搜索使 $P(t_1^l) \times P(s_1^m | t_1^l)$ 最大的结果，最后进行适当的变换处

理之后，输出目标语言的句子。

由此可见，在统计机器翻译中，单词的对齐是一个关键性的问题。为此引入隐含变量 A，这个隐含变量表示对齐 A（Alignment），这样，翻译句子偶对 (S|T) 的概率，可以通过条件概率 P(S, A|T) 而获得：

$$P(S|T) = \sum_{A} P(S,A|T) \tag{4}$$

这样一来，我们就把 P(S|T) 的计算，转化为对 P(S, A|T) 的估计。

假设源语言句子 $S=s_1^m=s_1s_2...s_m$ 有 m 个单词，目标语言句子 $T=t_1^l=t_1t_2...t_l$ 有 ℓ 个单词，对齐序列表示为 $A=a_1^m=a_1a_2...a_m$。其中，a_j（j=1,2,...m）的取值范围为 0 到 ℓ 之间的整数，如果源语言中的第 j 个单词与目标语言中的第 i 个单词对齐，则 $a_j=i$，如果没有单词与它对齐，则 $a_j=0$。

不失一般性，我们有

$$P(S,A|T) = P(m|T)\prod_{j=1}^{m} P(a_j|a_1^{j-1}, s_1^{j-1}, m, T)P(s_j|a_1^{j-1}, m, \mathrm{T}) \tag{5}$$

等式（5）的左边表示在给定一个目标语言句子的情况下生成一个源语言句子及其对齐关系的概率，在计算这个概率的时候，我们首先根据已有的关于目标语言句子的知识，考虑源语言句子长度的概率（等式右边的第一项），然后，再选择在给定目标语言句子和源语言句子长度的情况下，目标语言句子中与源语言句子的第一个单词的位置以及对齐的概率（等式右边乘积中的第一项），接着，再考虑在给定目标语言句子和源语言句子长

度,并且目标语言句子中与源语言句子的第一个单词对齐的那个位置的情况下,源语言句子中第一个单词的概率(等式右边乘积中的第二项)。依此类推,分别计算源语言句子的第二个单词的概率、第三个单词的概率,等等。这样一来,等式 P(S,A|T) 总是可以被变换成像(5)中的等式那样多个项相乘的形式。

IBM 公司首先使用统计方法进行法语到英语的机器翻译,对于翻译模型 P(S|T),由于 S 是法语(French),T 是英语(English),因此,他们用 P(F|E) 来表示,对于语言模型 P(T),由于 T 是英语,因此,他们用 P(E) 来表示。

图 2.11 是从噪声信道理论来看 IBM 公司的法英机器翻译系统的一个示例。可以假定一个英语的句子“The program has been implemented”从英语的信道(channel source E)经过噪声信道(noisy channel)之后在法语的输出信道(channel output F)中变成了一个法语的句子“Le programme a été mis en application”,从翻译的角度来看,IBM 公司的法英统计机器翻译

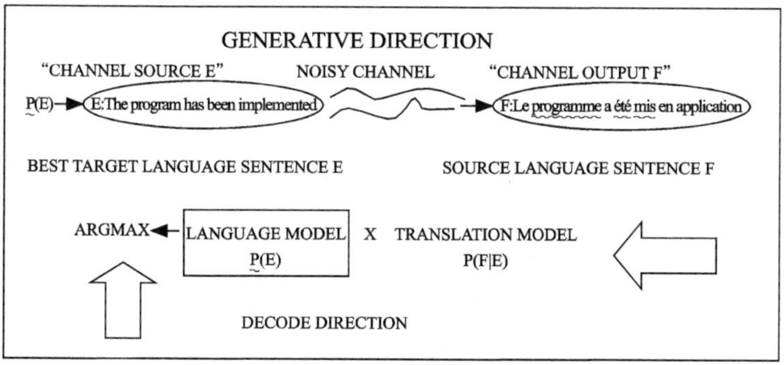

图 2.11　从噪声信道理论来看 IBM 公司的法英机器翻译

的任务就是源语言法语 F 的句子出发，建立翻译模型 P(F|E) 和语言模型 P(E) 进行解码，选出最好的英语句子作为输出，最后得到英语的译文。

统计机器翻译的质量与双语语料库训练语言模型的数据规模有明显的关系，双语语料库的数据规模越大，统计机器翻译的质量越高。

图 2.12 显示了阿拉伯语—英语的统计机器翻译系统的质量与双语语料库训练语言模型的数据规模之间的关系，横轴表示双语语料库规模的大小，纵轴表示统计机器翻译系统质量的水平。从图中可以看出，随着双语语料库数据规模的增大，统计机器翻译系统的质量逐渐地、平稳地提高。

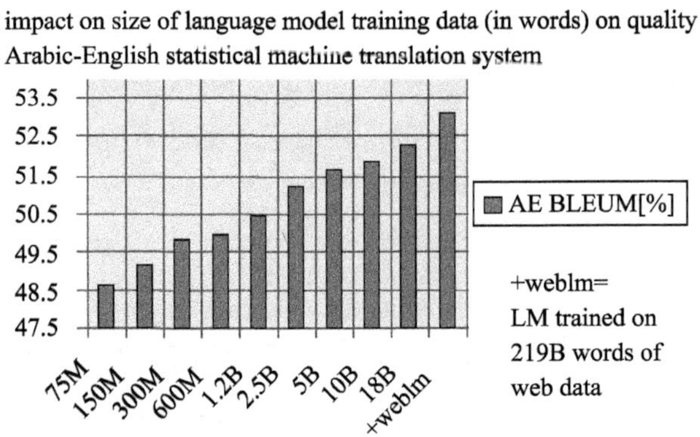

图 2.12　随着训练数据的增大，统计机器翻译系统的质量平稳地提高

在中文信息处理中，统计机器翻译也取得很好的成果。

这里我们以汉英机器翻译为例，看一看各个统计机器翻译系统的翻译水平。为了便于比较，我们让这些系统都翻译同一个汉语句子：

“新华网拉萨 7 月 2 日电，这是举世瞩目的历史时刻：7 月 2 日零时 31 分，首趟进藏旅客列车鸣响汽笛，稳稳停靠在拉萨火车站 1 号站台。”

■ **中国科学院计算技术研究所（ICT）的翻译结果：**

“Xinhuanet, Lhasa July 2 (Xinhua), this is the world’s historical moment: 0:31 on July 2, the first trip into Tibet, passenger trains rung first, its docked in Lhasa Station No.1 of the campaign.”

■ **谷歌的在线统计机器翻译系统“Google Translator”的翻译结果：**

“Xinhua Xinhua Lhasa, July 2, it is remarkable moment in history. At 0:31 on July 2, the first passenger train trip to Tibet ringing whistle, firmly docked at the Lhasa Railway Station No. 1 Site.”

■ **微软的在线统计机器翻译系统“Microsoft Bing Translator”的翻译结果：**

“Xinhuanet, Laca, July 2, this is a remarkable moment in history: hours on July 2, the first sound trip into Tibet passenger train whistle, 1th steady docked in Lhasa railway station platform.”

■ **雅虎的在线统计机器翻译系统“Yahoo! Babel Fish”的翻译结果：**

“New China net Lhasa, July 2-, this is the historical time which attracts worldwide attention: On July 2 the zero hour 31 points, the first coming into Tibet passenger train resounds the steam shistle, anchors steadily in the Lhasa Train station 1st platform."

可以看出,汉英统计机器翻译的译文的忠实度和流畅度已经达到了较高的水平。

谷歌统计机器翻译系统(Google Translator)可翻译的语言有 58 种,翻译方向有 58×57=3306 个,也就是说,这个系统可以进行 3306 个语言对的翻译工作,这样的工作显然是人的翻译所难以胜任的(图 2.13)。

检测语言	布尔文〔南非荷兰语)	加利西亚语	挪威语	乌克兰语	印尼语
阿尔巴尼亚语	丹麦语	加泰罗尼亚语	葡萄牙语	希伯来语	英语
阿拉伯语	德语	捷克语	日语	希腊语	越南语
阿塞拜疆语	俄语	克罗地亚语	瑞典语	西班牙的巴斯克语	中文
爱尔兰语	法语	拉丁语	塞尔维亚语	西班牙语	
爱沙尼亚语	菲律宾语	拉脱维亚语	斯洛伐克语	匈牙利语	
白俄罗斯语	芬兰语	立陶宛语	斯洛文尼亚语	亚美尼亚语	
保加利亚语	格鲁吉亚语	罗马尼亚语	斯瓦希里语	意大利语	
冰岛语	海地克里奥尔语	马耳他语	泰语	意第绪语	
波兰语	韩语	马来语	土耳其语	印地语	
波斯语	荷兰语	马其顿语	威尔士语	印度乌尔都语	

图 2.13　谷歌统计机器翻译系统支持翻译的 58 个语种

2003 年 7 月,在美国马里兰州巴尔的摩(Baltimore, Maryland)由美国商业部国家标准与技术研究所 NIST/TIDES(National Institute of Standards and Technology)主持的评比中,来自德国的青年科学家奥赫(F. J. Och)获最好成绩。他使用最大熵的统计方法,根据他带来的一个阿拉伯语—英语双语并行语料库和一个汉语—英语双语并行语料库,在很短的时间之内就现场构造了阿拉伯语和汉语到英语的两个机器翻译系统。顺利地把阿拉伯语和汉语翻译成英语,而他本人并不懂阿拉伯语和汉语。他的演示得到评比会议参加者的赞赏。

奥赫在演示后说，两千多年前，伟大的希腊科学家阿基米德（Archimedes）说过（图 2.14）：

“只要给我一个支点，我就可以移动地球。”（“Give me a place to stand on, and I will move the world.”）

图 2.14　阿基米德移动地球（冯志伟，2023）

而在这次评比中，奥赫也模仿着阿基米德说：

“只要给我充分的并行语言数据，那么，对于任何的两种语言，我就可以在几小时之内给你构造出一个机器翻译系统。”

（“Give me enough parallel data, and you can have a translation system for any two languages in a matter of hours.”)

奥赫确实在评比会议现场构造出了两个机器翻译系统，并进行了演示。奥赫此言不虚，他的豪言壮语反映了新一代的机器翻译研究者朝气蓬勃的探索精神和继往开来的豪情壮志。

随着互联网的发展，在网络上可以获得大规模的语言数据资源，大大地推动了网上统计机器翻译的发展，谷歌、百度、微软等公司都先后推出了网上统计机器翻译系统。

例如，微软的统计机器翻译系统 Microsoft Translator 以机器学习、大数据、自然语言处理和云计算等前沿技术为基础，为网络用户提供机器翻译服务，可支持 50 多种语言的文本翻译，8 种语言的实时语音翻译，18 种语言的语音识别和输出。这个统计机器翻译系统可以不断地对于训练数据中的人工译文和语言转换结果进行机器学习，在不断学习、纠错和改错过程中，促进机器翻译系统算法的自我完善，通过统计建模和高效的算法，不断地优化机器翻译系统，使用 Microsoft Translator 这个统计机器翻译工具，操不同语言的用户可以使用手机就能进行面对面的实时交流，畅快地进行沟通。

第三章　神经网络模型与大语言模型

神经网络模型（neural network model）是自然语言处理的一种形式模型。之所以冠以“神经”二字，是因为它来源于1943年麦卡洛克和皮茨提出的“神经元”（neuron）。神经元是一种人类神经的可计算单元的简化模型。我们在这一章里，首先介绍神经网络模型和神经机器翻译，然后在此基础上介绍大语言模型。

1. 神经网络模型

人类的智能行为都与大脑活动有关。人类的大脑是神经器官，与人体的其他器官（如消化器官、呼吸器官、血液循环器官）不同，它是可以产生感觉、知觉和情感的器官。大脑是一个神经系统，由神经元、神经干细胞、神经胶质细胞以及血管组成。神经元能够携带和传输信息，是人脑神经系统最基本的单元。神经元个数众多，大约有860亿个，它们之间通过上千个突触（synapse）相连接，形成一个极为复杂的神经网络，叫作大脑神经网络（brain neural network）。受到人类大脑神经系统的启发，早期的神经科学家们构造了一种模仿人类大脑神经系统的数学模型，叫作人工神经网络（artificial neural network）。与大脑神经网络相比，人工神经网络要简单得多。

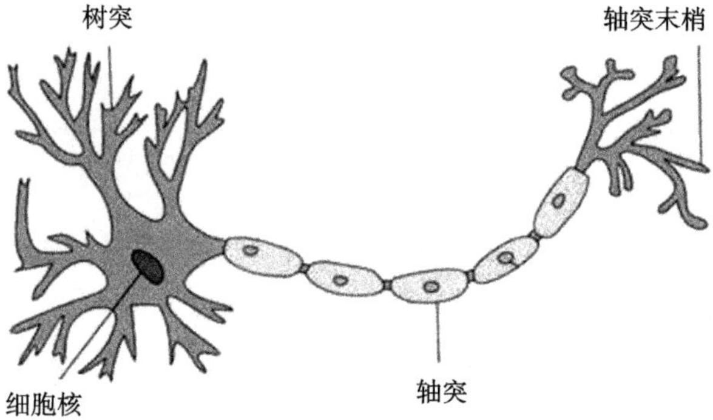

图 3.1　典型的大脑神经元结构（Feng Zhiwei，2023）

1904 年，科学家就已经发现，人类大脑神经网络中典型的神经元结构大致可包括细胞体（soma）、树突（dendrite）和轴突（axons）三个部分。细胞体主要由细胞核和细胞膜构成，细胞膜上有各种受体（与相应的化学物质神经递质相结合，能改变离子的通透性以及膜内外电位差，从而使神经细胞产生兴奋或抑制的生理活动）和离子通道。树突和轴突（统称细胞突起，但轴突只有一个）是从细胞主体延伸出来的细长部分，前者的功能是接受刺激并将兴奋传入细胞体，后者的功能是把自身的兴奋状态从细胞体由轴突末梢传送到另外的神经元或其他组织。图 3.1 是典型的大脑神经元结构。

一个神经元可以接受其他神经元的信息，也可以把信息发送给其他的神经元。神经元与神经元之间留有 20 纳米左右的缝隙，它们之间没有直接的物理连接。神经元之间是靠突触的互联来传递信息的，构成一个神经网络。突触是神经元与神经元之间链接的接口,它可以把一个神经元的兴奋状态传送到另一个神经元。一个神经元可以看成是一种只有兴奋和抑制两种状态的细胞。神经元的状态是由其他的神经细胞接收到的输入信号量以及突触抑制或兴奋的强度来决定的。当接收到的信号量总和超过了某个阈值时,细胞体就会兴奋,产生不同强度的电脉冲。电脉冲可沿着轴突进行信号的传递,从而把信号传递到其他的神经元。

一个人的智力并不是完全由先天的遗传决定的,人的智力大部分来自后天的生活经验,是通过在生活中不断地学习而获得的。因此,大脑的神经网络是一个具有学习能力的系统,这个神经网络可以通过不断的学习而得到改进。

那么大脑神经网络是如何进行学习的呢?

在大脑神经网络中,单个的神经元本身并不重要,重要的是神经元与神经元之间如何进行连接。不同神经元之间突触的信号有强有弱,信号的强度是可以通过学习或训练来不断改变的,因而具有一定的可塑性。这样一来,神经元之间不同的连接就可以形成不同的记忆印痕,使得神经元产生记忆。

1949 年,加拿大心理学家赫布(Donald Hebb)在《行为的组织,一种神经心理学理论》(*The Organization of Behavior, A Neuropsychological Theory*)一书中提出突触可塑性的基本原理①。他指出,如果两个神经元总是相关联地受到刺激,那么,它们之间的突触强度会增加。也就是说,当神经元 A 的一个轴突和神经元 B 很接近,接近到足以对神经元 B 产生影响,并且持

① D. O. Hebb, *The Organization of Behavior, A Neuropsychological Theory*, Lawrence Erlbaum Associates Publishers, Mahwah, New Jersey, 1949.

续地、重复地参与了对神经元 B 的兴奋过程，那么，在这两个神经元或其中的一个神经元中就会发生某种新陈代谢的变化，以至于神经元 A 成为了能够导致神经元 B 兴奋的一个细胞，从而加强了神经元 B 的效能。这个原理叫作"赫布规则"（Hebb rule）。赫布认为人的大脑有两种记忆：一种是长期记忆（long-term memory），一种是短期记忆（short-term memory）。短期记忆持续的时间不超过一分钟。如果短期记忆获得的经验重复足够的次数，这个经验就可以储存在长期记忆之中，从而转化为长期记忆。短期记忆转化为长期记忆的过程叫作凝固作用。人脑中的海马区就是大脑结构凝固作用的核心区域。

人工神经网络（Artificial Neural Network，ANN）是指一系列受到大脑神经网络的上述原理的启发而建立的数学模型。这些模型对大脑神经网络进行抽象来构建人工神经元，并且按照一定的拓扑结构建立起人工神经元之间的连接，从而模拟人类大脑的神经网络。在人工智能的领域，人工神经网络也常常简称为神经网络（Neural Network，NN）或神经模型（Neural Model, NM）。

人工神经网络是由若干个小的计算单元构成的网络，神经网络中的每一个单元取一个输入值（input value），产生一个输出值（output value）。因为人工神经网络在其计算过程中要反复地从神经网络的一个层次馈入到另外一个层次，需要穿越过好多个层次，网络的层次比较深，是一种有深度的网络，所以我们常常把这种基于人工神经网络的机器学习叫作深度学习。

人工神经网络的结构如图 3.2 所示。

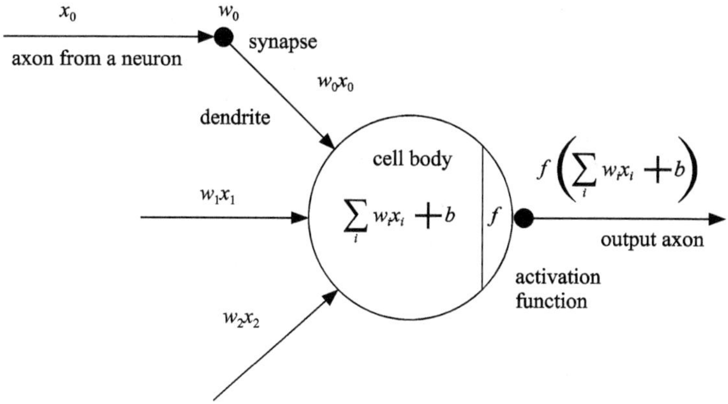

图 3.2 人工神经网络

在图 3.2 中，从另一个神经元的轴突（axon from a neuron）而来的信息 x_0 经过突触（synapse）的时候，被赋予了权重 w_0，以 w_0x_0 的值传送到当前神经元的树突（dendrite），进入细胞体（cell body）；类似地，从另一个神经元的轴突而来的信息 x_1 经过突触时，被赋予了权重 w_1，以 w_1x_1 的值传送到当前神经元的树突，进入细胞体；从另一个神经元的轴突而来的信息 x_2 经过突触时，被赋予了权重 w_2，以 w_2x_2 的值传送到当前神经元的树突，进入细胞体。

在图 3.2 中的细胞体处有一个激励函数（activation function）f，这个激励函数 f 控制着 w_ix_i，当 w_ix_i 的值大于某一个阈值时输出 1，否则输出 0，这样一来，在这个神经元的输出轴突（output axon）上，便可以得到一个被激励函数 f 控制的输出，可以表示为：

$$f\left(\sum_{i} w_i x_i + b\right)$$

其中，w_i 表示权重，x_i 表示输入信息，b 表示偏置。

人工神经网络是由多个这样的人工神经元相互连接而成的，用来对数据之间的复杂关系进行建模。人工神经元与人工神经元之间的连接可赋予不同的权重，每个权重代表了一个人工神经元对另外一个人工神经元影响的大小。每个人工神经元代表一种特定函数，来自其他人工神经元的信息经过不同的权重进行综合计算，输入到一个激励函数中，同时得到新的活性值来表示神经元的兴奋状态或抑制状态。

由此可见，人工神经网络是由大量的神经元通过极其丰富和完善的连接而构成的动态系统。

尽管我们可以比较容易地构造出一个人工神经网络，但是，怎样让这样的人工神经网络具备学习能力并不是一件轻而易举的事情。

早期的神经网络模型并不具备学习能力。第一个具备学习能力的人工神经网络是赫布网络（Hebb network），它采用了一种无监督机器学习（unsupervised machine learning）的方法。感知机（perceptron）是最早的具备机器学习能力的神经网络模型，但它的学习方法无法扩展到多层的神经网络上。

由于人工神经网络可以看作是一个通用的函数逼近器，一个两层的神经网络可以逼近任意的函数，因此，我们可以把人工神经网络看作是一个可学习的函数，并应用到机器学习中。从理论上说，只要有足够的训练数据和神经元数量，人工神经网络就可以学到很多复杂的函数。

到目前为止，人工智能的研究者已经研制了各种各样结构的神经网络模型。主要的神经网络模型有前馈神经网络模型（Feed-forward Neural Network model，简称 FNN）、卷积神经网络模型（Convolutional Neural Network model，简称 CNN）、循环神经网络模型（Recurrent Neural Network model，简称 RNN）、预训练模型（Pre-Training model，简称 PT）。分别介绍如下。

（1）前馈神经网络模型

在前馈神经网络中，各个神经元按照接受信息的先后分为不同的组。每一组可以看作一个神经层。每一层中的神经元接受前一层神经元的输出，并把结果进一步输出到下一层神经元。整个网络中的信息朝着一个方向传播，没有反向的信息传播，这可以用一个有向非成圈图（Directive Acyclic Graph，简称 DAG）来表示。

给定了一组神经元，我们就能够以神经元为结点来构建一个神经网络。不同的神经网络模型有着不同网络连接的拓扑结构。比较直接的拓扑结构是前馈神经网络。前馈神经网络是最早研制的、简单的人工神经网络。

在前馈神经网络中，各个神经元分别属于不同的层。每一层的神经元可以接收前一层神经元的信号，并产生信号输出到下一层。第 0 层叫输入层（Input layer），最后一层叫输出层（Output layer），其他中间层叫作隐藏层（Hidden layer）。整个网络中没有反馈，信号从输入层向输出层的传播是单向的，形成一个有向非成圈图。前馈神经网络也经常叫作多层感知器（Multi-Layer Perceptron，简称 MLP）。其结构如图 3.3 所示。

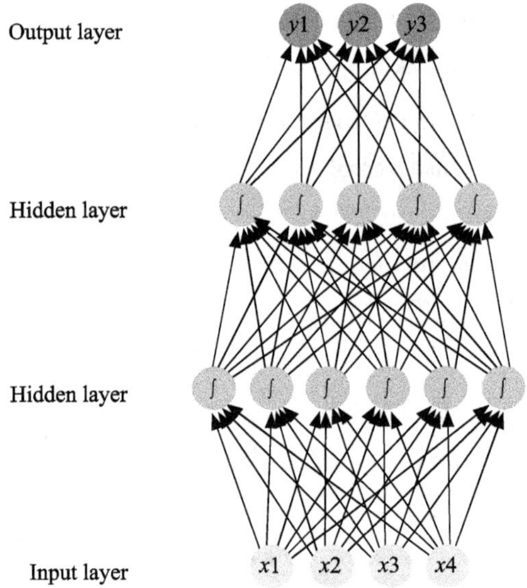

图 3.3　前馈神经网络

在图 3.3 中，在输入层输入 x1, x2, x3, x4，经过隐藏层，在输出层输出 y1, y2, y3。

前馈神经网络作为一种能力很强的非线性模型，在 20 世纪 80 年代后期就已被广泛使用，但是基本上都是两层的网络（只包含一个隐藏层和一个输出层），虽然当时前馈神经网络的参数学习还有很多难点，但它可以作为连接主义（connectionism）的一个典型模型，标志着人工智能从基于规则的高度符号化的知识期向基于神经网络的低符号化的机器学习期的转变。这是人工智能研究中的重要转折点。

在前馈神经网络中，每个神经元包括两部分：一部分负责线性加权求和，叫作线性层，另外一部分是激励函数，由于激励函数都被定义为非线性的，所以又叫作非线性层。

在理论上可以证明，只要激励函数满足特定的宽松条件，那么，对于任何一个连续函数，都存在一个有限大小而且至少包含一个隐藏层的神经网络，能够以任意的精度逼近这个连续函数。

在前馈神经网络中，输出层的作用是取隐藏层的表示，并计算出最后的输出。这个输出可能是一个实数，但是在很多场合下，神经网络的目标是进行某种分类判定，所以，我们要把问题的焦点集中到分类这样的场合。

在自然语言处理中有很多分类问题，如词性标注、文本分类、情感分类等。如果我们做情感分类这样的二元分类，我们可得到一个单独的输出，而它的输出值就是正面情感对于负面情感的概率值。

（2）卷积神经网络模型

卷积神经网络模型是一种具有局部连接、权重共享等特性的深层前馈神经网络模型。卷积神经网络最早主要是用来处理图像信息。

当我们用全连接的前馈神经网络来处理图像时，会存在以下两个问题：

①参数太多：如果输入图像大小为 100×100×3（即图像高度为 100，宽度为 100，红绿蓝 3 个颜色通道 RGB：Red，Green，Blue），那么，在全连接前馈网络中，第一个隐藏层的每个神经元到输入层都有 100×100×3 = 30 000 个相互独立的连接，每个连接都对应一个权重参数。随着隐藏层神经元数量的增多，参数的规模也会急剧增加。这将导致整个前馈神经网络的训练效率

变得非常之低，也很容易出现过拟合（over-fitting）的现象。

②难于提取局部不变性特征：自然图像中的物体都具有局部不变性特征，比如在进行尺度缩放、平移、旋转等操作时，并不会影响图像的语义信息。而全连接前馈神经网络很难提取这些局部不变特征，一般需要进行数据增强来提高性能。

卷积神经网络有三个结构上的特性：局部连接（local linking），权重共享（weight sharing）以及池化（pooling）。这些特性使得卷积神经网络在一定程度上可以平移、缩放和旋转，从而具有局部的不变性。与前馈神经网络相比，卷积神经网络的参数更少。这样，卷积神经网络便克服了前馈神经网络参数太多和提取局部不变性特征的困难。

近年来，卷积神经网络被广泛地应用到自然语言处理的领域中来。

由于卷积神经网络具有局部连接和权重共享的优点，在自然语言处理中，使用卷积神经网络可以提高网络的训练效率。

例如，如果给卷积神经网络输入英语句子 the actual service was not very good，一共有 7 个单词，经过卷积处理后，其双词组合为：the actual，actual service，service was，was not，not very，very good，连接数为 12，再进一步处理，其三词组合为：the actual service，actual service was，service was not，was not very，not very good，连接数减少为 10。如图 3.4 所示。连接数的减少将有助于提高卷积神经网络的训练效率。

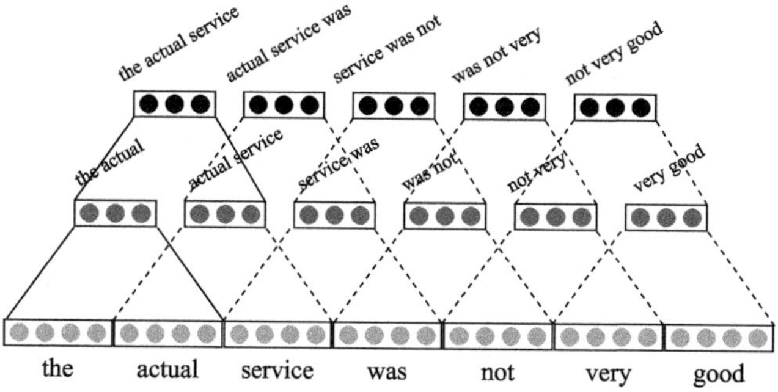

图 3.4　卷积神经网络中的连接数逐渐减少

随着卷积神经网络层数的增加,网络中的连接数逐渐减少。如图 3.5 所示,第 1 层的连接数为 14,第 2 层的连接数减少为 6,第 3 层的连接数减少为 2,层数越多连接数越少。因此,卷积神经网络的训练效率比全连接的前馈神经网络的训练效率高得多。

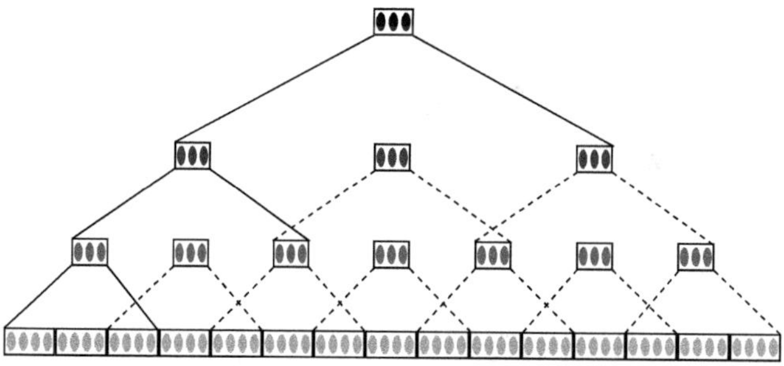

图 3.5　卷积神经网络的层数越多连接数少

卷积神经网络在自然语言处理中有着广泛的用途。

在自然语言的情感分析(affection analysis)中,有时我们需要预测句子的情感(affection),判断句子的情感是积极的,消极的，还是中立的。

例如，下面的句子：

Part of the charm of Satin Rouge is that it avoids the obvious with humor and lightness.

Still, this flick is fun and host to some truly excellent sequences.

（电影《红缎》的部分魅力在于它以幽默和轻松的方式避免了明显的问题。不过，这部电影仍然很有趣，并有一些真正出色的情节。）

这两个句子中的一些词（charm，fun，excellent）含有丰富的情感信息，而其他一些词（still，host，flick，lightness，obvious，avoids）包含的情感信息较少。那些含有丰富情感信息的词可以作为情感分析的线索词，而这些线索词是与它们在句子中的位置无关的。在这种情况下，我们可以使用连续词袋（Continuous Bag of Words，简称 CBOW）的方法，把所有的单词都送入到全连接的神经网络中进行处理。

可是在有的情况下，单词的位置对于情感分析起着重要的作用。例如，下面的句子：

It was not good, it was actually quite bad.（它并不好，它实际上非常坏。）

It was not bad, it was actually quite good.（它并不坏，它实际上非常好。）

如果不考虑单词在句子中的位置，单纯使用连续词袋

（CBOW）方法，神经网络对于这两个句子会给出完全相同的表示。然而如果我们使用统计语言模型中的N元语法（N-gram），关注单词在句子中的位置，考虑到在前面一个句子中not处于good之前，quite处于bad之前，应当表示负面情感；而在后面一个句子中not处于bad之前，quite处于good之前，应当表示正面情感。这样就可以大大增强情感分析的准确性。

这时，我们可以使用卷积神经网络来捕获单词在句子中的位置特征。由于卷积神经网络具有局部连接和权重共享的特性，卷积结构可以扩展成层次丰富的卷积层，每一层有效地关注句子中的N元语法，这将有助于我们分析单词在句子中的位置，从而捕获对于当前预测任务有提示作用的局部特征，提高情感分析的效能。

（3）循环神经网络模型

在前馈神经网络中，信息的传递是单向的，这种限制虽然使得网络的学习变得更容易，但在一定程度上也减弱了神经网络模型的能力。在生物神经网络中，神经元之间的连接关系要复杂得多。前馈神经网络可以看作是一个复杂的函数，每次输入都是独立的，网络的输出只依赖于当前的输入。但是在很多现实任务中，网络的输出不仅和当前时刻的输入相关，也和其过去一段时间的输出相关。

从本质上来说，语言是一种时序现象（temporal phenomenon）。当我们理解和生成口说的语言时，我们是在处理无限长度的连续的语言输入流。尽管在处理书面文本的时候，虽然在原则上我们可以随便在任何时刻访问文本中的任何成分，但是，在一般情况下，我们也是按照时间序列的顺序来处理它的。语言的这种时序特性也反映在我们常用的一些关于语言的比喻中。例如，在英语中的“flow of conversation”“news feeds”“twitter streams”等说法，汉语中的“口若悬河”“滔滔不绝”等成语，这些比喻都使我们想到语言是在时间上展开的一个前后相续的序列。

语言的这种时序特性也反映在我们处理语言使用的算法上。在处理词类标注的问题时，都是按递增的方式在一个时刻输入一个单词，并沿着这样的路径顺着时间的顺序来计算信息。自然语言处理中的各种句法剖析算法也是按照类似的方式来操作的。

不过我们在情感分析以及其他的分类问题中所使用的算法却不具有这样的时序特性。这些方法要同时地处理输入语言的所有方面。前馈神经网络也是这样的。这样的神经网络都是使用固定长度的输入向量，再加上它们有关的权重，在同样的时刻来捕捉所处理的例子中的各个方面。所以这些方法在处理可变长度的序列时就会显得捉襟见肘，困难重重，往往捕捉不到语言中重要的时序特征（temporal feature），可见，前馈神经网络难以处理时序数据（temporal data）。

在自然语言处理中，视频、语音、文本等都具有时序特征，都属于时序数据。时序数据的长度一般是不固定的，而前馈神经网络要求输入和输出的维数都是固定的，不能任意改变。当处理这一类与时序相关的数据时，前馈神经网络显得力不从心，因此，需要一种能力更强的神经网络模型。

循环神经网络就是一类具有短期记忆能力的神经网络。在循环神经网络中，神经元不但可以接受其他神经元的信息，也可以接受自身的信息，形成具有环路的网络结构。与前馈神经网络相比，循环神经网络更加符合生物神经网络的结构。在自然语言处理中，循环神经网络已经被广泛应用在语音识别、词性标注、文本分类、机器翻译以及语言生成等任务上。

循环神经网络通过使用带自反馈的神经元，能够处理任意长度的时序数据。给定一个输入序列 $x_{1:T}=(x_1, x_2, \ldots, x_t, \ldots, x_T)$，从输入层输入到隐藏层，循环神经网络通过下面公式使用延迟器来更新带反馈边的隐藏层的活性值 h_t：

$$h_i=f(h_{i-1},x_i)$$

其中 $h_0=0$，$f(\cdot)$ 是一个非线性函数，也可以是一个前馈网络。经过这样的循环处理之后，将 h_t 在输出层输出。

图 3.6 给出了循环神经网络的示例。

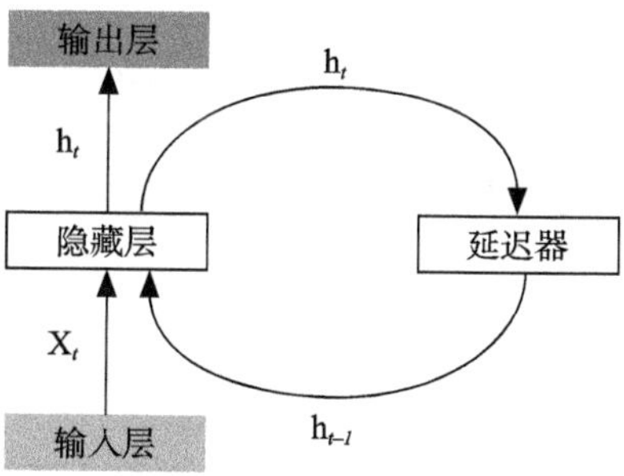

图 3.6 循环神经网络

从数学上讲，上面的公式可以看成一个动力系统（dynamical system）。动力系统是一个数学上的概念，系统的状态可以按照一定的规律随时间的变化而变化。具体地说，动力系统是使用一个函数来描述一个给定空间（如某个物理系统的状态空间）中所有点随时间的变化情况，因而具有时序特性。

简单循环网络（Simple Recurrent Network，SRN）是只有一个隐藏层的神经网络。在一个两层的前馈神经网络中，连接存在于相邻的层与层之间，隐藏层的结点之间是没有连接的。而简单循环网络增加了从一个隐藏层到另一个隐藏层的反馈连接。

如果我们把每个时刻的状态都看作是前馈神经网络的一层，那么循环神经网络就可以看作是在时间维度上权值共享的神经网络，它是具有时序特征的。

图 3.7 给出了按时间展开的循环神经网络。

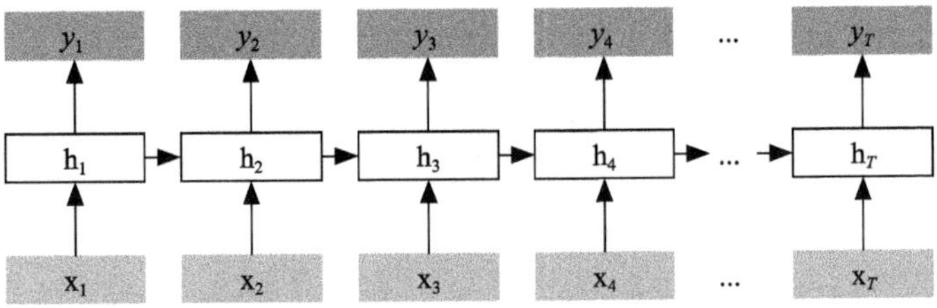

图 3.7　按时间展开的循环神经网络

从图 3.7 可以看出，在这个循环神经网络中，增加了从一个隐藏层到另一个隐藏层的反馈连接：

$$h_1 \rightarrow h_2 \rightarrow h_3 \rightarrow h_4 \rightarrow \ldots \rightarrow h_T$$

在自然语言处理中，循环神经网络可以应用于很多不同类型的机器学习任务。

根据自然语言处理任务的特点可以分为以下几种模式：序列到类别模式、同步的序列到序列模式、异步的序列到序列模式。

下面我们分别讨论自然语言处理中的这几种应用模式。

① 序列到类别模式

序列到类别模式的循环神经网络主要用于对序列数据进行分类。分类时，输入为序列，输出为类别。例如，在文本分类（text classification）中，输入数据为单词的序列，输出为该文本的类别。假设一个样本 $\mathrm{x}_{1:T}=(\mathrm{x}_1, ..., \mathrm{x}_T)$ 为一个长度为 T 的序列，输出为一个类别 $y \in \{1, ..., C\}$。我们可以将样本 x 按不同时刻输入到循环神经网络中，并得到不同时刻的隐藏状态 $\mathrm{h}_1, ..., \mathrm{h}_T$。我们可以将 h_T 看作整个序列的最终表示（或特征），并输入给分类器 $g(\cdot)$ 进行分类。$\hat{y}$ 的值按照如下的公式来计算：

$$\hat{y} = g(h_T)$$

其中 $g(\cdot)$ 可以是简单的线性分类器或复杂的分类器。这是正常模式（如图 3.8–a 所示）。

除了把最后时刻的状态作为序列表示之外，我们还可以对整个序列的所有状态 $\mathrm{h}_1, ..., \mathrm{h}_T$ 进行平均，得到平均的隐藏状态 h，并用这个平均的隐藏状态 h 作为整个序列的表示。$\hat{y}$ 的值按照如下的公式来计算：

$$\hat{y}=g\left(\frac{1}{T}\sum_{t-1}^{T} h_t\right)$$

这是按时间进行的平均采样模式（如图 3.8–b 所示）。

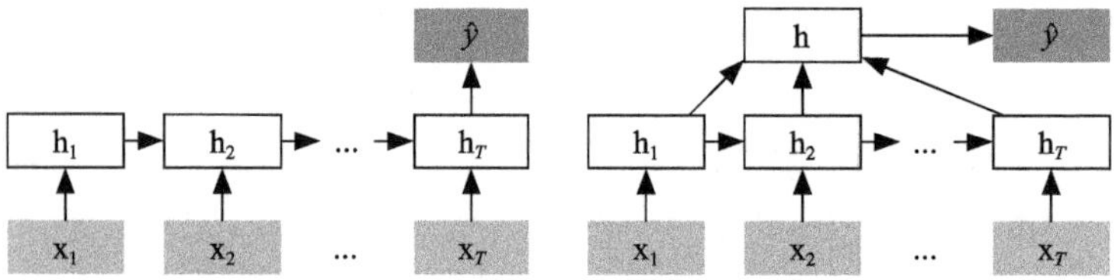

（a）正常模式　　　　（b）按时间进行平均采样模式

图 3.8　序列到类别模式

在自然语言处理中，我们可以使用序列到类别模式进行文本分类。例如，如果我们想把文本归类到体育（Sport）、政治（Policy）、聊天（Gossip）、经济（Economy）4 个类别中，我们可以根据数百个由人归类的实例，使用序列到类别模式，让计算机根据单词使用的模式来进行机器学习，从而实现大规模文本的自动分类。

② 同步的序列到序列模式

同步的序列到序列模式的循环神经网络主要用于序列标注（sequence labeling）任务，即每一时刻都有输入和输出，输入序列和输出序列的长度相同。例如，在词性标注（Part of Speech Tagging, POS Tagging）中，每一个单词都需要标注其对应的词性标记，这就是同步的序列到序列模式。

在同步的序列到序列模式中，输入为一个长度为 T 的序列 $x_{1:T}=(x_1, ..., x_T)$，输出为序列 $y_{1:T}=(y_1, ..., y_T)$。样本 x 按不同时刻输入到循环神经网络中，并得到不同时刻的隐状态 $h_1, ..., h_T$。每个时刻的隐状态 h_t 代表了当前时刻和历史的信息，并输入给分类器 $g(\cdot)$ 得到当前时刻的标记 $\hat{y}_T$。

$$\hat{y}=g(h_t), \forall t\in[1,T]$$

如图 3.9 所示。

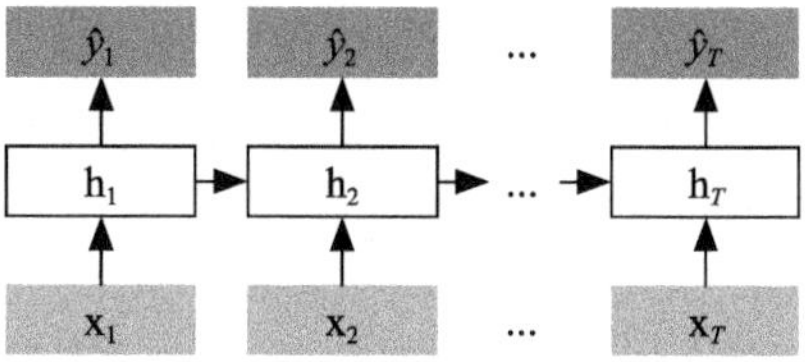

图 3.9　同步的序列到序列模式

在自然语言处理中，我们可以使用同步的序列到序列模式进行词性标注。

③ 异步的序列到序列模式

异步的序列到序列模式的循环神经网络也称为编码器—解码器（Encoder-Decoder）模型，这时输入序列和输出序列不需要有严格的对应关系，也不需要保持相同的长度。例如，在机器翻译中，输入为源语言的单词序列，输出为目标语言的单词序列，源语言的单词序列和目标语言的单词序列之间没有严格的对应关系，长度也不尽相同。

在异步的序列到序列模式中，输入为一个长度为 T 的序列 $\mathbf{x}_{1:T}=(\mathbf{x}_1, ..., \mathbf{x}_T)$，输出为长度为 M 的序列 $y_{1:M}=(y_1, ..., y_M)$。经常通过先编码后解码的方式来实现。先将样本 x 按不同时刻输入到一个循环神经网络（编码器）中，并得到其编码 h_T。然后再使用另一个循环神经网络（解码器），得到输出序列 $\hat{y}_{1:M}$。为了建立输出序列之间的依赖关系，在解码器中通常使用非线性的自回归模型。

$$h_t=f_1(h_{t-1}, x_t), \qquad \forall t\in[1,T]$$

$$h_{T+t}=f_2(h_{T+t-1},\hat{y}_{t-1}),\ \forall t\in[1,M]$$
$$\hat{y}_t=g(h_{T+t}),\qquad \forall t\in[1,M]$$

其中 $f_1(\cdot)$, $f_2(\cdot)$ 分别为用作编码器和解码器的循环神经网络，$g(\cdot)$ 为分类器，$\hat{y}_t$ 为预测输出 $\hat{y}_t$ 的向量表示。如图 3.10 所示，其中，<EOS> 表示句子的末尾（End of Sentence）。

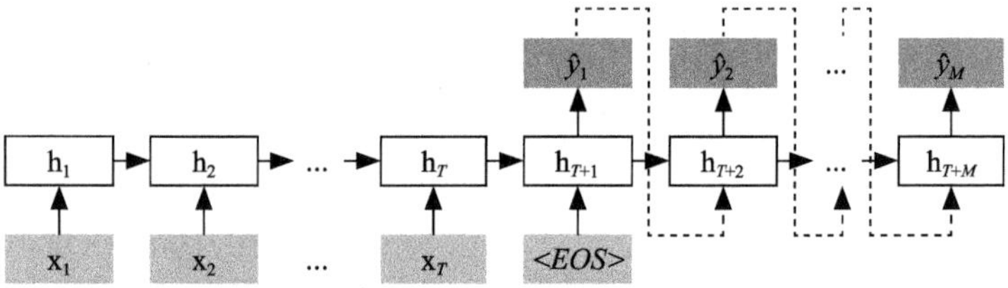

图 3.10 异步的序列到序列模式

在自然语言处理中，神经机器翻译可以采用异步的序列到序列模式。图 3.11 是英语到法语的神经机器翻译例子。英语句子 "I am a student" 从编码器输入，<s> 表示英语句子的末尾。经过"注意力权重""上下文向量""注意力向量"处理之后，在解码器的一端得到法语译文 "Je suis étudiant"，</s> 表示法语句子的末尾。法语译文的单词序列和英语原文的单词序列之间没有严格的对应关系，句子的长度也不尽相同，英语句子有 4 个单词，而法语句子只有 3 个单词，所以这是一种异步的序列到序列模式。

在中文信息处理中，我们可以使用循环神经网络做英汉机器翻译。循环神经网络编码器（RNN Encoder）对于输入的英语句子 "I have a pen" 进行编码，经过注意力打分（attention scores），给注意力分派权重，再经过注意力分布（attention distribution），得到注意力输出（attention output），最后由循环神经网络的解码器(RNN Decoder)进行解码,得到汉语译文“我有一支钢笔”,如图 3.12 所示。

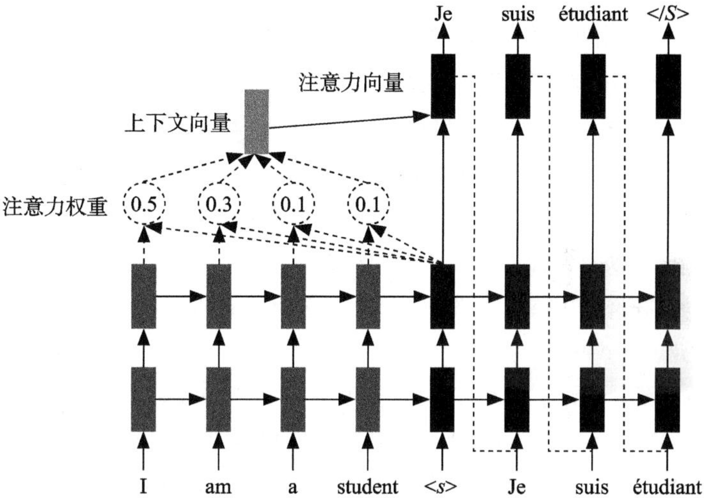

图 3.11　英法机器翻译异步的序列到序列模式

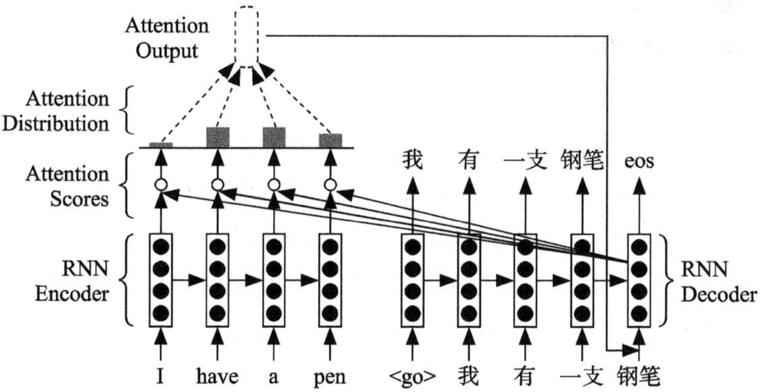

图 3.12　用循环神经网络做英汉机器翻译

近年来，神经网络模型在机器翻译中取得了显著的成绩。由于神经机器翻译使用大规模的平行语料库数据来获取语言知识，显著地提高了机器翻译的译文质量，有力地推动了机器翻译实用化和商品化的进程。

④ 预训练模型

另外一个神经网络模型是预训练模型（pre-training model）。这种预训练模型是使用基于转换器（Transformer）的编码器或解码器来实现的语言模型。

转换器的结构如图 3.13 所示。

在图 3.13 中，左半部分是编码器（encoder），右半部分是解码器（decoder）。

编码器的 N=6，它由 6 个相同的层（layers）组成，每一层包括两个子层（sub-layers），第一个子层包括一个多头注意力层（Multi-Head Attention）和一个前馈层（Feed Forward），其中每一个子层都加了“求和”（Add）与“归一化”（Norm）的功能。

在神经机器翻译时，从编码器输入的源语言句子首先经过多头注意力层，在对于每一个单词进行编码的时候，编码器关注输入源语言句子中的其他单词。多头注意力层把输出传递到前馈层中，每一个位置的单词对应的前馈层都是一样的。

在神经机器翻译中，首先使用词嵌入算法把每一个输入单词都转换为词向量，输入的单词序列进行词嵌入之后，源语言中的每一个单词都会流经编码器中的多头注意力层和前馈层。最后在解码器中以概率形式输出（Output Probabilities）。

2018 年 7 月，谷歌公司发布了 Universal Transformer（《通用转换器》）一文，对于上述的转换器模型进行了改进，进一步提升了翻译速度，而且具有通用性。

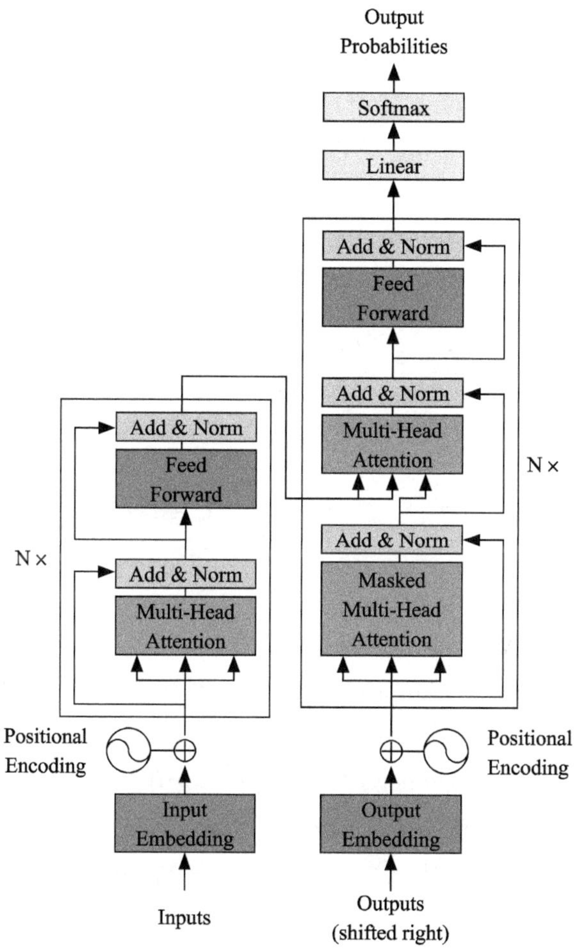

图 3.13　转换器的结构

在神经机器翻译研究中,语言数据资源的贫乏是一个非常严重的问题,商用神经机器翻译系统需要数千万个句子甚至数亿个句子的大数据(big data)作为训练语料。如果语言数据贫乏,神经机器翻译的译文质量难以保证。为了解决语言数据贫乏的问题,学者们开始探讨小规模语言数据资源下神经机器翻译的可行性问题,最近已经形成一种神经机器翻译的新范式,叫作"预训练语言模型"(pre-trained language models)。如图 3.14 所示。

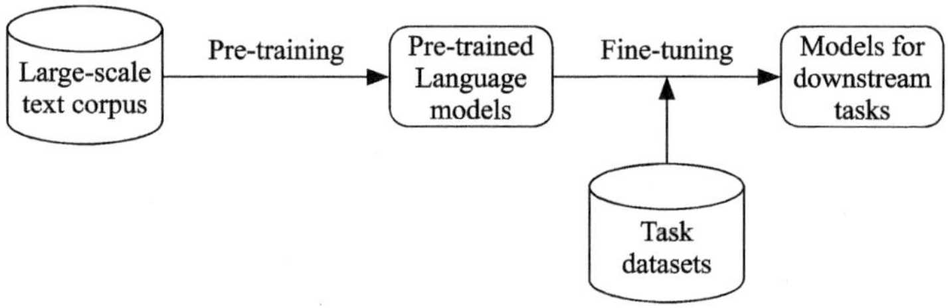

图 3.14　预训练语言模型

在图 3.14 中,预训练语言模型使用大规模的文本语料库数据(Large-scale text corpus)进行"预训练"(Pre-training),然后使用面向特定任务的小规模语言数据集(Task datasets),根据迁移学习(Transfer learning)的原理进行"微调"(Fine-tuning),形成"下游任务的模型"(Models for downstream tasks)。这样的预训练语言模型使得研究者能够专注于特定的任务,而适用于各种任务的通用的预训练语言模型可以降低神经机器翻译系统的研制难度,从而加快了神经机器翻译研究创新的步伐。

基于转换器的双向编码器表示模型(Bidirectional Encoder

Representation from Transformers，简称 BERT）和生成式预训练模型（Generative Pre-Training，简称GPT）已经成为当前自然语言处理研究的核心技术。BERT 和 GPT 利用转换器模型的编码器和解码器，从语言大数据中获取了丰富的词汇、语法和语义知识，BERT 在语言理解任务上，准确率已经接近人类，能够自动地进行阅读和理解；GPT 在语言生成任务上也达到了相当的水平，自动生成的新闻甚至于能够以假乱真。

预训练模型已经成为深度学习时代自然语言处理研究的最重要的神经网络模型。这种模型不仅使得多种自然语言处理的任务达到了新的高度，而且大大地降低了自然语言处理模型在实际应用场景中落地的门槛。

自然语言生成（Natural Language Generation, NLG）是自然语言处理的一个重要研究领域，作文、新闻、散文、诗歌的自动写作都属于自然语言生成的领域，近年来得到人工智能学界的高度重视，其中的诗歌自动写作，特别是中国古典诗歌的自动写作，成为自然语言生成中的最引人瞩目的研究领域。

计算机自动写出来的诗歌应当满足三个要求：第一，接受语法约束，计算机生成的诗歌应当符合语法；第二，有意义，计算机生成的诗歌能够表达和传递在某种解释下有意义的信息；第三，有诗性，计算机生成的诗歌要能够与其他文体区分开来，符合平仄、押韵、意境、风格的要求。因此，诗歌自动写作是颇具挑战性的。

清华大学自然语言处理与社会人文计算实验室研发了“九歌”人工智能诗歌写作系统，他们采用最新的神经网络与深度学习技术，基于超过 80 万首人类诗人创作的诗歌进行训练学习,计算机可以自动作古诗。

“九歌”人工智能诗歌写作系统具有多模态输入、多体裁多风格、人机交互创作模式等特点。例如,用户输入“白露节气”四个字并选择“藏头诗”选项,大约 3.9 秒后,“九歌”就生成了下面这首七言绝句《白露节气》。

白露节气

九歌

白苹风起蓼花凉,
露滴梧桐月在廊。
节换星移人已老,
气蒸云散菊初香。

华为公司研制了基于人工智能的 AI 诗人“乐府”,这是首个基于 GPT 预训练模型的诗歌创作系统,其核心理念是先用无标注的文本训练生成语言模型,然后再根据具体的任务通过有标注的数据对模型进行微调。例如,用户只输入一个“露”字,响应时间约 1.48 秒,就得到一首七言律诗《露》。

露

乐府

轻轻滴沥溼红兰,一片飞来傍脸寒。
晓鉴重匀新学粉,秋波初透未开鸾。
荷珠散处微生露,桂子飘时半落坛。
疑是水精帘下见,裴回无力独倚看。

GitHub 用户开发的“诗三百 · 人工智能在线诗歌写作平

台”，通过语料爬取、数据处理、数据分析，可以作诗、填词和对联，具有规则作诗与机器学习写诗的能力。例如，用户选择“鹧鸪天”为词牌名。大约 64 毫秒，便生成了下面这首词。

鹧鸪天·白露

诗三百

一夜西风扫落英，晓来庭户觉秋清。

不知白露沾衣冷，但有黄花插鬓轻。

人似玉，世非萍，江南塞北几经程。

凭君莫说长安道，且尽尊前醉眼明。

计算机创作的古诗尽管有浓厚的机器味，但也显示了深度学习和神经网络处理自然语言的威力。

唐诗是中国文学的瑰宝。1991 年，中国社会科学院把 27 册《全唐诗》的全部正文、异文和注文输入计算机，他们精准地计算出全唐诗共有 53 035 首，作者 3276 人，从而订正了文学界传统的唐诗有 4 万多首，作者有 2 万多人的说法。他们还开发了“全唐诗索引生成系统”，可以进行全唐诗自动检索。

2022 年，大连海事大学信息科学技术学院构建了结合胶囊网络（Capsule network）和转换器（Transformer）的胶囊–转换器集成模型（Cap-Transformer model），胶囊网络为上通道，转换器为下通道，进行唐诗作者的身份识别（authorship attribution）。

他们下载了《全唐诗》的电子版，经过排错、去重等预处理，得到包括 2300 位作者的 44 734 首唐诗。每首唐诗的内容按照“作者、诗题、唐诗”的数据格式排列。经过统计他们发现，唐诗作者的创作数量极不平衡。近半数的诗人一生只写了一两首诗，只有不到 20 位诗人一生创作诗歌超过 500 首，最高产的诗人是白居易，他一生创作的诗歌数量高达 2844 首之多。

进行唐诗作者的身份识别，他们假设所有可能的作者集合为：

$$A = \{a_1, a_2, \dots, a_n\}$$

对于每一位作者 $a_i \in A$，有训练样本集：

$$T_i = \{T_{i1}, T_{i2}, \dots, T_{im}\}$$

作者身份识别的任务学习训练集，建立作者风格特征，根据胶囊－转换器集成模型，对于匿名的诗歌 t，指定一个最可能的作者 a_k ($a_k \in A$)。

使用胶囊－转换器集成模型进行识别时，首先使用上通道胶囊网络提取唐诗各个意象的局部语义特征，然后使用下通道转换器，通过多头注意力机制提取唐诗各个意象的全局语义特征，再结合题材特征，来识别唐诗的作者身份。唐诗作者众多，作者身份识别的难度很大。大连海事大学信息科学技术学院的研究是一项很有意义的探索。

自然语言处理的发展还影响到古籍的整理和研究。

1946 年计算机研制成功之后，人文学者们开始使用计算机来给古代的典籍编制索引，这样就可以把人文学者们从手工索引的繁重劳动中解放出来。

1949 年，意大利神父罗伯托・布萨（Roberto Busa）在 IBM 公司的帮助下，用计算机成功为托马斯・阿奎那（St Thomas Aquinas）和相关人员多达 1100 多万单词的古典拉丁文作品编制机器索引（machine indexing），并且使用计算机对于每一个单词进行了词目还原（lemmatization），也就是把文本中实际出现的经过形态变化的单词还原成原形词。他们把全部的书面文本转移到穿孔卡片上，输入计算机，编制程序进行检索（retrieval），并于1992年制作了光盘。这一成功，使得计算机在语言学领域的应用逐渐风行起来。

1980年，罗伯托·布萨把这样的研究叫作“人文计算”（humanities computing）。2001年4月布莱克维尔出版社（Blackwell Publishing）首次出版了一部以“数字人文”为书名的图书《数字人文指南》（*A Companion to Digital Humanities*）。“数字人文”这个术语迅速取代了“人文计算”，成为一个广泛传播的新兴的跨学科研究领域。

美国加州大学欧文分校的布鲁纳（Theodore Brunner）筹集了数百万美元使用计算机建立了一个古希腊文本的“数据库”，涵盖了从荷马到公元600年左右的所有古希腊文作者的作品，约7000万词。后来，帕卡德人文研究所又制作了一个补充性的古典拉丁文集，为古典研究的学者们提供了多年来在其他学科中无可匹敌的研究资源。古英语学者建立了机器可读的“古英语语料库”，从而可以获得古英语研究的语言资源，在此基础上编制了《古英语词典》。1963年，英国学者维斯贝（Roy Wisbey）使用计算机给中世纪的高地德语（Hoch Deutsch）文献做了机器索引，为高地德语的研究提供了极大的方便。

1983年，我国就使用计算机创建了“《红楼梦》全文检索系统”。20世纪初，我国的古籍数字化就发生了根本性变化，出现了“国学宝典”“中国基本古籍库”“瀚堂典藏”等具有多种功能的大型古籍数据库。爱如生、书同文、国学时代等古籍数字化企业也具备了强大的开发和竞争能力。2007年，我国实施了

"中华古籍保护计划",对大量珍贵古籍进行了普查登记和抢救性修复,建成"全国古籍普查登记基本数据库"和"中华古籍资源库",并为社会广泛使用。

利用数字技术对古籍文本进行处理,我们通常称之为"古籍数字化"。古籍数字化的本质是对实体古籍进行数字转换,内容包括:古籍计算机编目、古籍影像扫描、古籍文本识别、古籍利用辅助工具研发等。古籍数字化是一个系统工程,从古籍的著录、主题与分类标引、文本识别到查询利用、网络传播与共享等各个步骤、各个环节都属于这个系统的一部分,需要高度集成、无缝衔接。

古籍文本的光学字符识别(Optical Characters Recognition, OCR)是古籍数字化的关键环节,其主要内容是用计算机所能使用的编码汉字与古籍中的汉字图像进行识别和对应转换,使得计算机能够对文献内容进行处理。这涉及两个方面的问题:一个是计算机汉字编码的问题,另一个是计算机图像识别并转换为字符的能力问题。

关于第一个问题,从理论上说,要进行古籍文本的识别,古籍中出现的所有汉字在计算机中都应有相应的编码,并且在以后的发布、利用环节中能够被有效使用。这个问题看起来简单,但实际上却非常复杂,原因就在于汉字本身的复杂性。

多年来计算机所使用的汉字编码字符集收录的字数偏少是困扰古籍数字化的主要因素。1980 年颁布的国家标准 GB 2312—80 收录的汉字仅 6763 个,1993 年颁布的 GB 13000.1—93 也只收录了 21 003 个汉字,2000 年 3 月颁布的 GB 18030—2000 收录了 27 484 个汉字。近年来,国家标准中收录的汉字逐渐增加。2005 年颁布的 GB 18030—2005，已收录汉字 70 244 个，到 2021 年 9 月，Unicode14.0 版正式发布，收录的汉字已超过了 9.3 万个。2023 年国家公布了《信息技术中文编码字符集》，共收录汉字 88 115 个，从 2023 年 8 月正式实施。这样一来，汉字字符太少的问题已基本解决。

不过，这里还存在着古籍用字的规范与统一问题。据民间学术网站“汉字宝典”的不完全统计，在古籍中出现过的汉字包括异体字已超过 15 万个，如果考虑到古籍各种写本、印本存在着大量写法有细微差别而导致计算机 OCR 识读时可能发生偏差的“异形字”，数量将会成倍地增加。无限制地增加字符集中汉字的数量并不能解决古籍的用字问题，反而会带来新的问题。

古籍的用字，本来是不多的，据统计，

《易经》总字数 21 055 个，不重复用字 1363 个；

《尚书》总字数 28 073 个，不重复用字 2025 个；

《诗经》总字数 37 438 个，不重复用字 2989 个；

《论语》总字数 15 935 个，不重复用字 1355 个；

《孟子》总字数 35 417 个，不重复用字 1913 个；

《荀子》总字数 75 815 个，不重复用字 2726 个；

《左传》总字数 195 792 个，不重复用字 3290 个；

《论衡》总字数 212 050 个，不重复用字 3630 个；

《列子》总字数 30 900 个，不重复用字 2329 个。

其中《论衡》的篇幅最长，不重复用字也才 3630 个。可见古籍中的字种数目并不很多。

但是，当我们在进行古籍光学字符识别时，由于存在大量的异体字，所需要处理的字种达数十万个之多，其原因主要是古籍在抄写、刻印的过程中，除去抄错、刻错的以外，抄写者、刊刻者的书写习惯差异造成了一个汉字对应多个字形的情况。

例如，在敦煌写本中，大量使用“俗字”，如“多”有 14 种字形，“恶”有 27 种字形。由于敦煌写本的书写者大多是文化水平不太高的经生，多一笔少一笔、长一划短一划的现象比比皆是，有的书写潦草，胡乱连笔、任意变形。古代书坊刻书也大量使用俗字，与国子监等官方刻书机构通常使用“正字”不同，由于书坊刻书的主持者文化水平不高、为了节省成本，就只好大量使用俗字了。明代刻书，常常使用“古字”，并且很多时候是自己生造出来的古字，以附庸风雅、故弄玄虚。还有一个问题就是避讳。除了皇帝之讳外，最难处理的是民间个人的私讳，由于使用私讳的通常只有本家族之人，在私讳中缺笔、变体字大量存在，也使得汉字的系统越来越复杂，汉字的字形越来越多。

正是由于这些原因，《史记》本来使用汉字的字种不到 5200 个，但是，如果考虑到不同的版本，累计起来，《史记》各种版本使用过的汉字字形，远远超过了这个数量。

关于第二个问题，也就是计算机图像识别并转换为字符的能力问题，由于古籍字形过多，有些差别极其微小，并且很容易与其他字相混淆，而计算机的文字识别能力有限，文字识别的准确率不高。

汉字的光学字符识别（OCR）技术经历了几十年的发展，对于现代排版印刷体图书来说，已经进入了实用阶段。但是，对于古籍来说，则远远没有达到可用的程度。受古籍复杂多变的汉字字形、复杂的版式等因素制约，目前，对于比较简单、规范、整齐的古籍，四川大学与阿里巴巴达摩院共同研发的“汉典重光古籍 OCR 平台”，其正确识别率也只能达到 97.5%，换言之，其差错率是万分之二百五十，国家图书出版文字差错率标准是万分之一，其差错率是国家图书出版文字差错率标准的二百五十倍，而这已经是目前业内最高的识别率。

2022 年 5 月 18 日，一批珍藏于美国加州大学伯克利分校的中文古籍善本，以数字化方式回归故土，落地“汉典重光古籍 OCR 平台”。借助阿里达摩院的技术，首批 20 万页古籍已使用人工智能技术完成了数字化，用户可以通过汉典重光古籍 OCR 平台来翻阅和检索古籍。据报道，达摩院对于这 20 万页古籍的识别准确率仍然只有 97.5%，远远达不到国家图书出版文字差错率的标准。

古籍 OCR 技术的难度在于古籍版面复杂、文字字形多样、大小字注及行间注并存，这些都是在进行 OCR 识别时必须要面对的问题。

古籍中异体字繁多。虽然是同一种书，但有不同的版本，每个版本的用字都可能不同，例如，古籍中最常见的“历”字就有以下几种写法：“曆”本义为“历法”“年历”，在古籍中使用频率最高的是年号，如“聖曆”“大曆”“寶曆”“鳳曆”“慶曆”“天曆”“萬曆”“永曆”。但是，由于清乾隆皇帝名“弘曆”，清代刊印的古籍中往往将“曆”改为“歷”或“厤”“歴”。它们之间只有细微的差别，这些异体字的 Unicode 编码完全不同，如果在一个古籍数据库中，同一种书可能有多种版本，或者引用同一句话，有的可能作“曆”，有的可能作“歷”，有的可能作“歴”，有的可能作“厤”。当进行全文检索时，用什么字作为检索词，就成了一个严重的问题。

一个可行的解决办法，就是建立一个汉字正字与异体字、异形字的标准对照表，供计算机进行数据分析和汉字的输入、输出之用。2013 年 6 月 5 日，国务院公布了《通用规范汉字表》，共收录汉字 8105 个，全部为简体字。《通用规范汉字表》还有附表《规范字与繁体字、异体字对照表》，但只收录了与 2546 个规范字相对应的 2574 个繁体字，对于古籍数字化来说，这是远远不够的。2021 年 10 月，国家标准《古籍印刷通用字规范字形表》（GB/Z 40637–2021）发布，该标准规定了古籍印刷通用字收字和宋体字形规范原则，给出了 14 250 个古籍印刷通用字的字形、字音以及在国际编码字符集 ISO/IEC 10646 中的码位，适用于传世古籍的印刷出版，以及现代书刊的繁体版印刷。这个标准对于古籍出版来说是十分必要的，但对于古籍数字化来说还是不够的，需要进一步扩充。不久前，国家曾经启动过大型数字化基础工程"中华字库工程"，主要是解决汉字和少数民族文字字形（包括古文字）的标准化及其输入输出问题。搜集整理的汉字包括：甲骨文、金文、简牍帛书及其他古文字、石刻，行书、草书、版刻楷体字、宋元及明清印本文献用字，现代出版物用字及符号，少数民族古文字及现行文字，等等。作为古籍数字化的基础条件，我们需要尽快建立一个字数基本够用的汉字正字与异体字、异形字对照表。

我国古籍数字化已有多年的历史，但相对于 20 万种现存中国古籍来说，得到数字化的古籍只占很小一部分。随着计算机深度学习能力、文本挖掘等大数据技术和人工智能的快速发展，我国在继续推进古籍数字化的同时，应当推动古籍由数字化向知识化转变。

数字化和知识化的最大区别，就是数字化仅仅提供简单的字词检索，而知识化则要基于现存所有存世古籍的关系性、结构化，建立“中国古典知识库”（Chinese Classics Knowledge Base，简称 CCKB）。简单地说，就是运用计算语言学和自然语言处理前沿技术，开发适合不同古籍类型的文本分析模型和工具，实现针对古籍文本的词汇抽取、分词和关联分析；使用人工智能、大数据、自然语言处理等相应的技术工具和手段，借助过往一切古典学的研究成果，周密地设定主题词表，专业地提取各种实体，如年代、地名、人名、书名、篇名、职官、社团、思潮、事件以及各类语言和文化要素，多维度地构建不同实体间的关系，并通过这些实体及相互关系，在保障古籍文献内容完整性及内部逻辑性的基础上突破文献原有结构，对文献进行深层组织和知识管理，构建体系化的“中国古典知识库”。

“中国古典知识库”是关乎中国古典知识整体的宏大构想。它的建设，有望给与古代文化研究相关的众多学科带来决定性变化，最大程度地促进文献的关联与知识的再发现。网络分析、文献计量、主题模型等中文信息处理技术的应用将进一步提升人文学术的整体性、实证性、求是性与科学性，从根本上促进传统文献学的现代转型。

目前，神经网络模型已经成为自然语言处理的主流，取得了令人欣喜的成绩，但是，这样的模型缺乏可解释性，这就需要基于规则的语言模型和基于统计的语言模型的支持。

基于规则的语言模型采用的是理性主义方法，基于统计的语言模型和基于神经网络的语言模型采用的是经验主义方法，对于自然语言处理来说，这两种方法都是不可少的。我们应当把理性主义方法和经验主义方法结合起来，进一步推动自然语言处理的发展。

2. 神经机器翻译

自 2006 年以来，统计机器翻译进一步发展成神经机器翻译（Neural Machine Translation，简称 NMT），神经机器翻译也是基于双语或多语并行语料库数据的，这类机器翻译完全是经验主义的，神经机器翻译系统根据双语语料库进行深度学习（deep learning），就可实现机器翻译，不再需要规模宏大而艰巨的“语言特征工程”，几乎完全抛弃了基于语言规则的符号主义方法。

例如，在德英机器翻译中，如果输入为德语句子“Er wollte nie irgendeiner Art von Auseinanderersetzung teilnehmen”（“他不打算参与任何种类的争论”），神经机器翻译系统可以生成 n 个最好的候选英语句子译文，称为“n-best 句子列表”（图 3.15）：

He never wanted to participate in any kind of confrontation.
He never wanted to take part in any kind of confrontation.
He never wanted to participate in any kind of argument.
He never wanted to take part in any kind of argument.
He never wanted to participate in any sort of confrontation.
He never wanted to take part in any sort of confrontation.
He never wanted to participate in any sort of argument.
He never wanted to take part in any sort of argument.
He never wanted to participate in any kind of controversy.
He never wanted to take part in any kind of controversy.
He never intended to participate in any kind of confrontation.
He never intended to take part in any kind of confrontation.
He never wanted to take part in some sort of confrontation.

图 3.15　n-best 句子列表

系统从 n-best 句子列表中，根据对数概率等因素，选出概率最大的句子 “He never wanted to participate in any kind of confrontation” 作为译文输出。

神经机器翻译把自然语言中的单词符号映射到 N 维空间中，表示为 “词向量”（word vector），如图 3.16 所示。

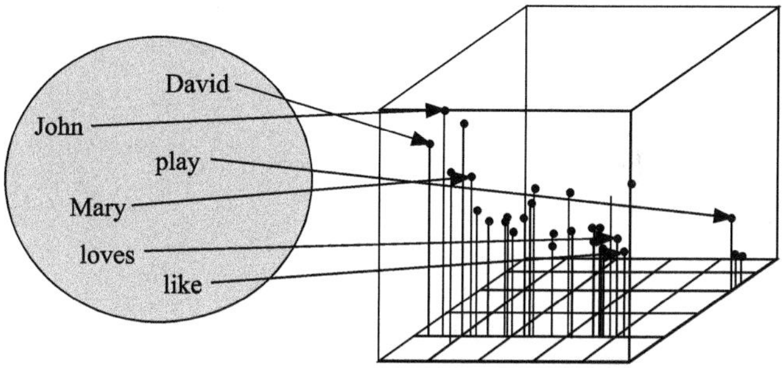

图 3.16　把单词符号映射为 N 维空间中的词向量

在图 3.16 中，David，John，Mary，play，loves，like 等离散的单词符号，都被映射到 “向量空间”（vector space）中，成为了不同的词向量。词向量是单词语义的一种新的表达方式，单词的语义不是通过它指称的事物来表示的，而是通过它所处的上下文的 “分布” 来表示的，这样的语义研究，叫作 “向量语义学”（vector semantics）。

在向量空间中，意义相近的单词位置彼此靠近，如图 3.17 所示向量空间中的 developing，growing 等单词聚集在相近位置，这是因为它们在实际语言中所处的上下文相似；having，had，have 等单词聚集另一个相近的位置，这是因为它们的语法功能相近；而意义与它们不同的 right，left 等单词则聚集在另一个位置，这是因为它们在实际语言中所处的上下文与 developing、growing 以及 having、had、have 等单词不同。图 3.17 是计算机自动生成的向量空间。

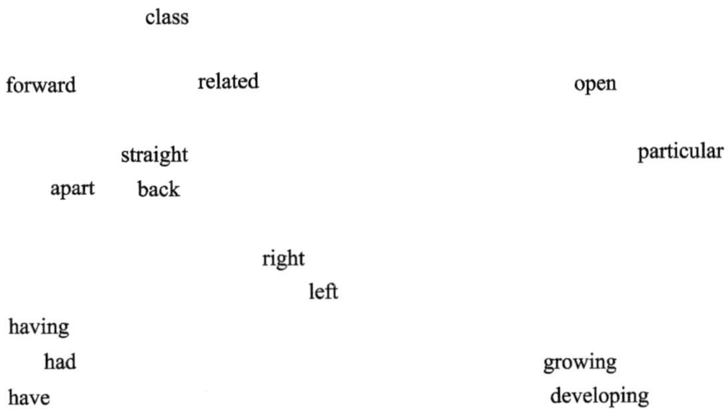

图 3.17　在向量空间中，意义相近的单词的位置彼此靠近

2006 年，罗德（Rohde）等使用层次聚类的方法从词嵌入（word embedding）中把名词自动地聚类为 4 个类：身体类（wrist, ankle, shoulder, arm, leg 等），动物类（dog, cat, puppy, kitten, cow, bull 等），城市类（Chicago, Atlanta, Montreal, Nashville, Tokyo 等），国家地区类（China, Russia, Brazil, France, Africa 等），并加以可视化表示。这样的可视化表示使用了层次聚类，关联起来的每一类单词之间具有很高的相似度。例如，wrist 与 ankle，arm 与 leg，等等。图 3.18 使用向量聚类的方法来显示单词之间的相似程度，聚类的结果符合我们的语言直觉。

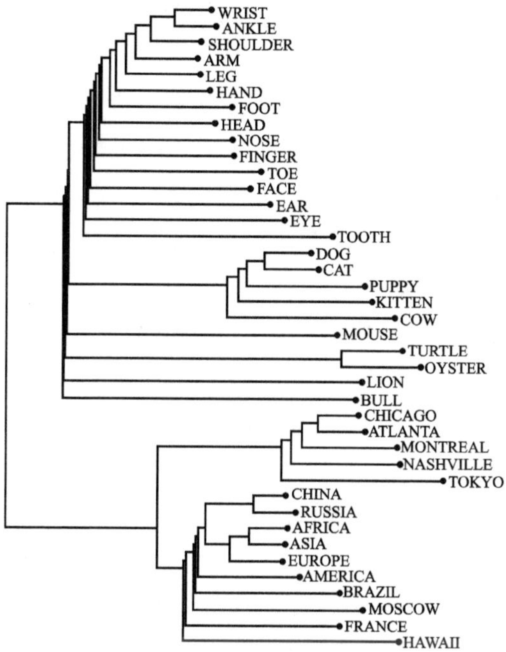

图 3.18　名词层次聚类的可视化表示

根据向量语义学,神经机器翻译不需要对于离散的语言符号(linguistic symbol)进行计算,而只要把离散的语言符号转换为词向量嵌入到向量空间中进行计算,整个计算是针对没有语言符号的实数值(real values)进行的;而基于语言规则的机器翻译和统计机器翻译则需要对于语言符号及其特征表示(features representations)进行描述和计算,这是非常艰巨的语言特征工程。在神经机器翻译中,由于把离散的单词符号都映射为向量空间中的词向量,不需要规模巨大的语言特征工程,也不需要手工设计语言特征,计算机能够自动从双语语料库中获取到语言特征，并对语言特征进行计算。神经机器翻译抛弃了传统的基于规则的符号主义方法，从符号主义转向了连接主义。这是21世纪机器翻译研究中一次具有战略意义的重大转移。

其实，使用基于大数据连接主义方法的神经网络来进行机器翻译的思想在世纪之交就有人提出过了。神经网络曾经在不同的时间应用于机器翻译的不同的方面。例如，远在2006年，史维克等（Schwenk et al.）就提出，在基于IBM模型的西班牙语—英语的统计机器翻译中，可以使用神经网络语言模型来代替N元语法模型。这是神经机器翻译的萌芽。

从2013年开始，神经机器翻译就逐渐取代了统计机器翻译。

2013年，卡尔士布莱尔（N. Kalchbnner）和布伦松（P. Blunsom）提出"循环连续的翻译模型"（recurrent continuous translation models），使用"循环神经网络解码器"（Recurrent Neural Network decoder）方法来进行机器翻译。

2014年，巴丹诺（D. Bahdanau）、本吉奥（Y. Bengio）等提出使用"编码器－解码器模型"（encoder-decoder model）来学习短语表示，把"编码器－解码器"这样的神经网络模型引入到自然语言处理中来（Bahdanau et al., 2014），苏慈凯维（I. Sutskever）等说明了怎样使用神经网络来进行"序列到序列"（sequence to sequence）的机器学习。

对于输入进行"软加权"（soft weighting）生成解码器的思想（这是注意力机制的中心思想）是格拉维斯（A. Graves）在研制手写体字符识别中首先提出的。2015年，巴丹诺发展了这样的思想，把它命名为"注意力机制"（Attention mechanism），并应用于机器翻译中。2017 年,法斯瓦尼(A. Vaswani)等提出了基于注意力机制的神经机器翻译模型。

从此,神经机器翻译成为机器翻译的主流。

编码器 – 解码器网络(encoder-decoder network)又叫作序列到序列网络(sequence-sequence network),这是一种神经网络语言模型,这个模型能够根据上下文生成任意长度的、恰当的输出序列,非常适合于用来做机器翻译。

编码器 – 解码器网络的关键性思想是编码器网络取一个输入序列,并构造出这个序列的上下文表示(contextualization representation),这样的上下文表示,通常简称为"上下文"(Context)。把这样的上下文表示传给解码器,从而生成机器翻译任务所要求的目标语言输出。

图 3.19 是编码器 – 解码器构架的图示。

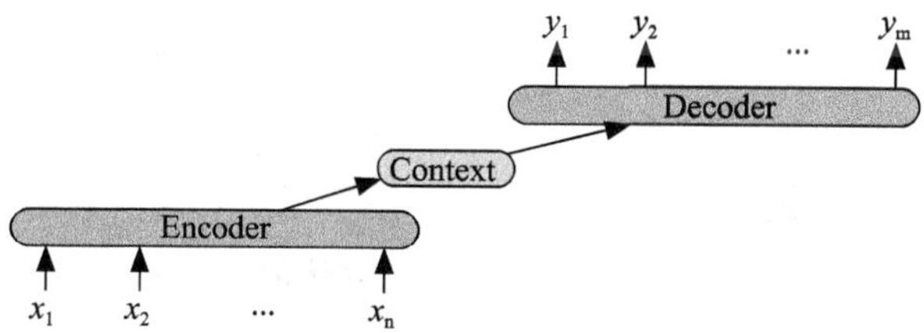

图 3.19　编码器 – 解码器构架

编码器 – 解码器网络包括三个组成部分:

1. 一个编码器(Encoder),它接受输入序列 x_1^n(x_1, x_2, ..., x_n),生成相应的上下文序列。

2. 一个上下文向量,记为 Context,它是上下文序列的函数,上下文向量把输入的精粹内容以词向量形式传给解码器。

3. 一个解码器(Decoder),它接受 Context 作为输入,生成隐藏状态的任意长度序列,由此得到输出状态的相应序列 y_1^m(y_1, y_2, ..., y_m)。

图 3.20 是英德机器翻译编码器 – 解码器模型的详细说明。在编码器一端,句首标志为 <s>,源语言句子 “the house is big” 的输入单词(Given word)在编码器(Encoder)一端顺次进行编码,通过词嵌入(Embedding)形成上下文向量,进入隐藏状态(Hidden state),预测下一个单词(Predicted word),句末的标志为 </s>,形成上下文向量输入解码器(decoder)。处理了句末标志 </s> 之后,在解码器一端的第一个深色方框处,已经包含了源语言句子 “the house is big” 的所有词嵌入信息,在逐一地输出每一个目标语单词时,都要参照英语句子的词嵌入信息以及前面德语单词的信息,最后输出德语的语言序列 “das Haus ist groβ”。

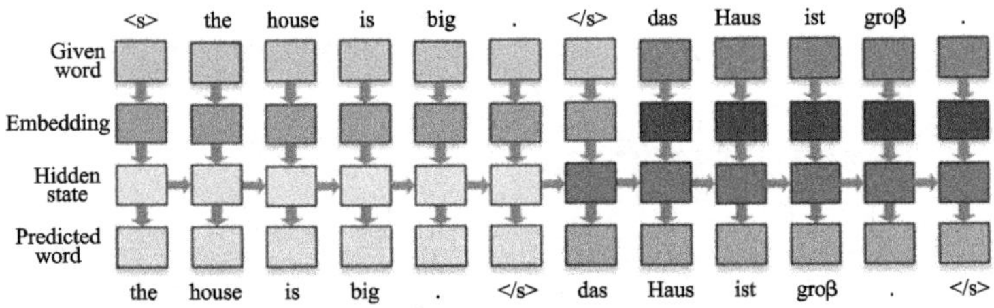

图 3.20 英德神经机器翻译实例

谷歌公司(Google)研制了谷歌神经机器翻译系统(Google Neural Machine Translation,简称 GNMT)。其中的英法神经机器翻译原理如图 3.21 所示:

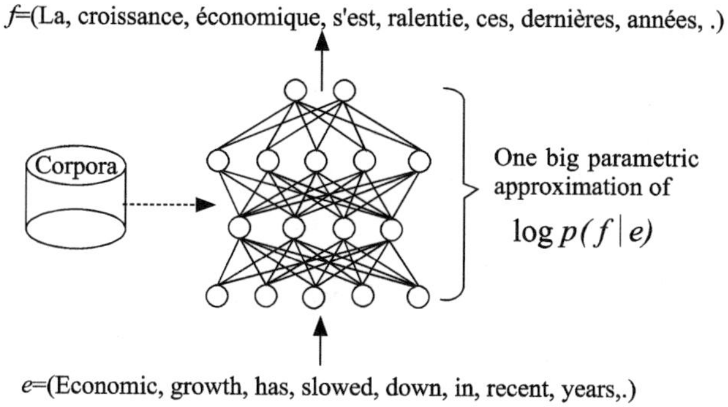

图 3.21　英法神经机器翻译原理图

图 3.21 中，e 表示源语言英语，f 表示目标语言法语，把 e 翻译为 f 通过一个多层次的神经网络（multi-layer neural network）来进行，这个多层次的神经网络从平行语料库（corpora）中获取知识，把语言序列 e 翻译成语言序列 f。例如，把英语的语言序列 Economic growth has slowed down in recent years（近年来经济增长放慢了速度）翻译成法语的语言序列 La croissance économique s'est ralentie ces dernières années。其中，计算机进行翻译的时候，要利用已有的大规模的平行语料库来进行深度学习（deep learning），从平行语料库中自动地获取语言特征（language features）。大规模的平行语料库也就是大数据（big data），所以，GNMT 是一个基于大数据的神经机器翻译系统。神经机器翻译系统就是基于大数据的、使用神经网络来实现翻译的机器翻译系统。在这个多层次的神经网络中，存在着大量的链接权重（weight），这些权重就是我们通过大规模平行语料库的训练和学习的参数。训练好的神经网络可以将输入的源语

言英语 e 转换为输出的目标语言法语 f。图中的 log p(f|e) 表示对于给定的源语言 e 转换为目标语言 f 的概率，如果这个概率越大，说明神经机器翻译的效果越好，我们的目的在于尽量得到 log p(f|e) 的一个大的参数近似值(parametric approximation)。这就是 GNMT 的语言模型。

这样的语言模型是端对端(end to end)的语言模型，源语言输入后，由编码器(encoder)使用循环神经网络(Recurrent Neural Network，简称 RNN)或卷积神经网络(Convolutional Neural Network，简称 CNN)进行编码处理，然后直接由解码器(Decoder)输出翻译结果。如图 3.22 所示。

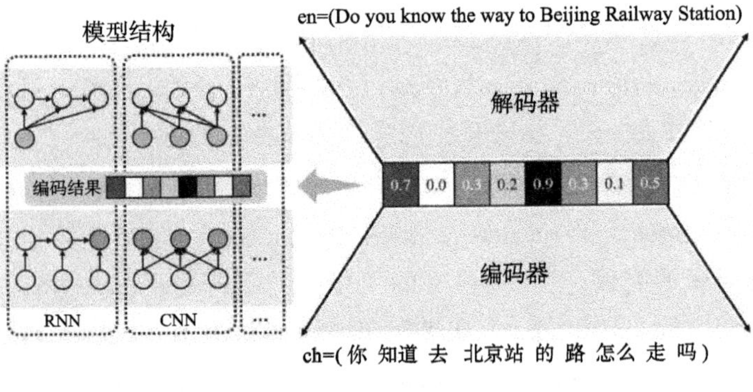

图 3.22　端对端的汉英神经机器翻译

图 3.22 中，输入中文句子“你知道去北京站的路怎么走吗？”由编码器进行编码，经过神经网络 RNN 或 CNN 处理后用解码器进行解码，便可以得到英文译文“Do you know the way to Beijing railway station?”

这种端对端的英汉神经机器翻译系统，可以用图 3.23 来表示。在编码器一端输入中文句子“布什与沙龙举行了会谈”，编码器把这个句子表示为上下文向量“0.1, −0.2, 0.5, −0.3, 1.1, −2.0”，经过解码器处理，输出英语译文“Bush held a talk with Shanron”。

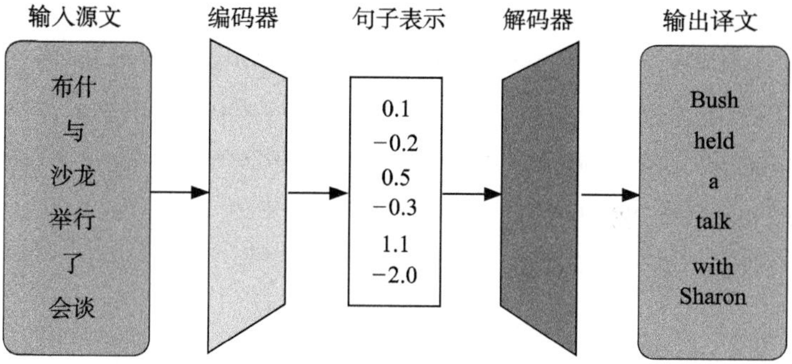

图 3.23　汉英神经机器翻译实例

目前，汉英神经机器翻译系统的译文质量，已经达到了较高的水平。我们来看一看几个神经机器翻译系统对于同一个汉语句子的翻译结果。

输入的汉语句子是：

“中国人民也绝不允许任何外来势力欺负、压迫、奴役我们，谁妄想这样干，必将在 14 亿多中国人民用血肉筑成的钢铁长城面前碰得头破血流！”

下面是几个汉英神经机器翻译系统的英语译文：

■ **360 翻译的译文：**

“The Chinese people will never allow any outside force to

bully, oppress or enslave us. Anyone who tries to do so will surely be crushed in front of the Greet Wall of steel made of flesh and blood by more than 1.4 billion Chinese people!"

■ **搜狗翻译的译文：**

"The Chinese people will never allow any foreign forces to bully, oppress or enslave us. Anyone who want to do this will surely face the Greet Wall of steel built by more than 1.4 billion Chinese people with flesh and blood!"

■ **Atman（医学翻译）：**

"The Chinese people must not allow any foreign forces to bully, oppress or enslave us. Who want to do so will certainly touch the head in front of the steel wall built by more than 1.4 billion Chinese people with flesh and blood!"

■ **云译的译文：**

"The Chinese people will never allow any foreign forces to bully, oppress or enslave us. Anyone who want to do so will surely bump his head in front of the steel wall built with flesh and blood of more than 1.4 billion Chinese people!"

神经机器翻译系统输出的英语译文实录如图 3.24 所示：

不难看出，这样的英语译文内容正确、通顺可读，几乎可以与人的翻译媲美了。从图 3.24 中还可以看出，不同的神经机器

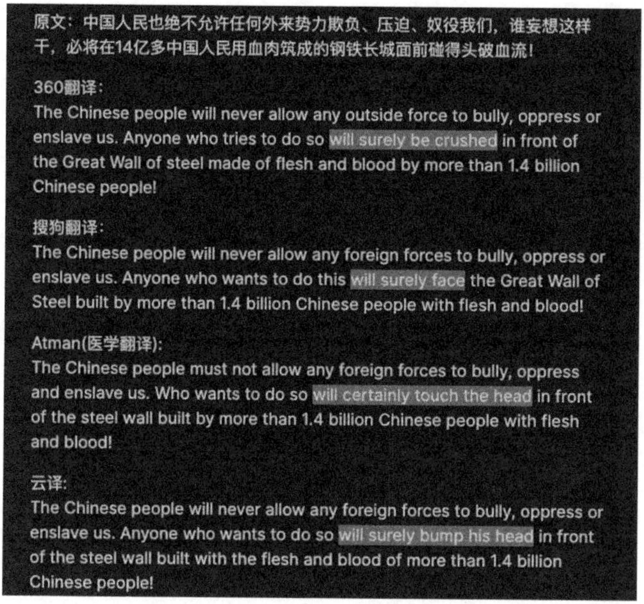

原文：中国人民也绝不允许任何外来势力欺负、压迫、奴役我们，谁妄想这样干，必将在14亿多中国人民用血肉筑成的钢铁长城面前碰得头破血流！

360翻译：
The Chinese people will never allow any outside force to bully, oppress or enslave us. Anyone who tries to do so will surely be crushed in front of the Great Wall of steel made of flesh and blood by more than 1.4 billion Chinese people!

搜狗翻译：
The Chinese people will never allow any foreign forces to bully, oppress or enslave us. Anyone who wants to do this will surely face the Great Wall of Steel built by more than 1.4 billion Chinese people with flesh and blood!

Atman(医学翻译):
The Chinese people must not allow any foreign forces to bully, oppress and enslave us. Who wants to do so will certainly touch the head in front of the steel wall built by more than 1.4 billion Chinese people with flesh and blood!

云译:
The Chinese people will never allow any foreign forces to bully, oppress or enslave us. Anyone who wants to do so will surely bump his head in front of the steel wall built with the flesh and blood of more than 1.4 billion Chinese people!

图 3.24　汉语—英语神经机器翻译的实录

翻译的翻译风格各不相同，中文“碰得头破血流”在不同的神经翻译系统中的英文译文各具风格。图中我们用“高亮”表示。

当然，神经机器翻译也有不完善之处，翻译中常常会出现错译、漏译和重复翻译的情况，对于多义词、成语、缩略语、专业术语、人名、地名、机构名的翻译还没有很好的解决办法，难以实现篇章范围内的指代消减，缺乏足够的在线优化能力。但是，对于一般的文本，其译文的质量已经远远地超过了基于规则的机器翻译和统计机器翻译，取得了突破性的成就。

2009 年，谷歌公司通过在覆盖 100 多种语言的超过 250 亿句子对、超过 500 亿参数语言资源的基础上训练了一个神经机器翻译模型，突破了多语言神经机器翻译研究的极限[①]。他们研制了一种用于"大规模多语言的大规模神经机器翻译"（Massively Multilingual, Massive Neural Machine Translation，简称 M4）的方法，这样的 M4 方法在低资源语言和高资源语言上都表现出了巨大的质量提升，可以轻松适应不同的领域以及不同的语言，同时在跨语言下游迁移任务上表现出很高的效率。这样的新进展真是令人振奋！

我国的"小牛翻译"公司已经可以翻译 110 多种语言，该公司在网站公布的可以翻译的语言如图 3.25 所示：

niutrans.vip

支持国内少数民族语言及110+种外文间的实时互译

A B D E F	G H J K L	M N P Q R	S T W	X Y Z
阿尔巴尼亚语	高棉语	马尔加什语	萨摩亚语	西班牙语
阿拉伯语	格鲁吉亚语	马耳他语	塞尔维亚语	希伯来语
阿姆哈拉语	古吉拉特语	马拉地语	塞索托语	希腊语
阿塞拜疆语	哈萨克语	马拉雅拉姆语	僧伽罗语	夏威夷语
爱尔兰语	哈萨克语(西里尔)	马来语	山地马里语	信德语
爱沙尼亚语	海地克里奥尔语	马里语	世界语	匈牙利语
巴什基尔语	韩语	马其顿语	斯洛伐克语	修纳语
巴斯克语	豪萨语	毛利语	斯洛文尼亚语	宿务语
白俄罗斯语	荷兰语	蒙古语(西里尔)	斯瓦希里语	亚美尼亚语
白苗文	吉尔吉斯语	孟加拉语	苏格兰盖尔语	伊博语
保加利亚语	加利西亚语	缅甸语	索马里语	意大利语
冰岛语	加泰罗尼亚语	南非荷兰语	塔吉克语	意第绪语
波兰语	捷克语	南非科萨语	塔希提语	印地语
波斯尼亚语	卡纳达语	南非祖鲁语	泰卢固语	印尼巽他语
波斯语	科西嘉语	尼泊尔语	泰米尔语	印尼语
鞑靼语	克雷塔罗奥托米语	挪威语	泰语	印尼爪哇语
丹麦语	克罗地亚语	帕皮阿门托语	汤加语	英语
德语	库尔德语	旁遮普语	土耳其语	尤卡坦玛雅语
俄语	拉丁语	葡萄牙语	维吾尔语	约鲁巴语
法语	拉脱维亚语	普什图语	威尔士语	越南语
菲律宾语	老挝语	齐切瓦语	乌德穆尔特语	粤语
斐济语	立陶宛语	日语	乌尔都语	藏语
芬兰语	卢森堡语	瑞典语	乌克兰语	中文(简体)
弗里西语	罗马尼亚语		乌兹别克语	中文(繁体)

图 3.25　小牛机器翻译公司能够翻译 110 多种语言

① https://arxiv.org/pdf/1907.05019.pdf.

这110多种语言覆盖了联合国会员国以及“一带一路”周边国家和地区的官方语言，因此，小牛公司成为目前所有市面上翻译引擎中能翻译最多语言的公司。

当然，自然语言是极为复杂的，要实现全自动高质量的机器翻译，仍然是一个极为困难而艰巨的任务。我们还要继续努力。但是，我们终于成功地迈出了万里长征的第一步。

不过，神经机器翻译的这些成就只是技术上的成就，而不是科学上的成就。机器深度学习技术本身和神经网络并没有给我们提供关于语言本质的深刻洞见。

最近，著名语言学家乔姆斯基以望九之年到美国亚利桑那大学履新，他在《人类认知的边界在哪里？》的一次访谈中说过这样的意见：

“深度学习所做的是根据大量的例子去寻找某种模式。在某些领域这确实很有趣，但我们需要问一个问题：这是工程技术还是科学？工程技术试图构建某种有用的东西，而科学则试图理解世界的一些要素。谷歌语言剖析器（Google parser）就是一个例子，如果我们问它是否有用，那么毫无疑问它的确有用，我也使用谷歌翻译器来做翻译。从工程技术的角度上说，有一台类似于推土机的东西很有价值，但它是否能告诉你关于人类语言的知识呢？答案是完全不能。这个回答确实令人沮丧，因为机器学习从一开始它就完全脱离了科学。那么谷歌语言剖析器做什么呢？它收录了大量的文本（如《华尔街日报》语料库），然后探寻能在多大程度上能够对语料库中的每个句子做出正确描述。语料库中的每个句子本质上都是一个实验，你说出的每一个句子也都是一个实验,即:这句话合乎语法吗?答案通常都是肯定的,因此语料库中大部分句子都合乎语法。但若你自问:是否存在一种科学,可以毫无目的地随机实验,并试图从中得出某种结论?假如你是化学系的博士生,想要写一篇博士论文,你是否能说:“我只想毫无目的地融合许多东西,也许我会发现什么?”这会被化学系的所有人嫌弃的。科学并不在意做了上百万次的实验,而只在于找到关键实验,并据此回答一些理论上的问题。因此,工程技术从一开始就和科学渐行渐远。那么接下来只需要看谷歌语言剖析器或某个语言剖析器对某个语料库的工作是否具有成效。但另外一个问题却从未被提及:它是如何处理违反自然语言所有规则的句子的?用我提到过的结构依存来举例,假设有一种语言是依据线性距离来解读的,那么深度学习就能很容易处理它,事实上,这比处理真实自然语言要容易。但这说明它是成功的吗?不,从科学角度上说这恰恰是一种失败。这说明我们完全没有揭示语言系统的本质,因为语言剖析器反而更善于处理违反结构系统的事物。当然这并不是反对工程技术的理由,因为它的确实用。”

乔姆斯基认为当前神经机器翻译的成就只是工程技术上的成就,而不是科学上的成就。他的意见很深刻,值得我们深思。

神经机器翻译与统计机器翻译有同有异。

它们的相同之处在于:第一,它们都要使用大规模的双语平行语料库的数据进行模型训练,具有明显的经验主义色彩;第二,它们都重视语言数据的统计计算,它们的数学原理都是建立在统计学的基础之上的;第三,它们的输入和输出都是单词的序列。

它们的不同之处在于:第一,神经机器翻译需要设计一个大型的神经网络(Neural Network),而统计机器翻译不需要设计这样的神经网络;第二,神经机器翻译不需要对于语言符号(linguistic symbol)进行计算,而只要把语言符号转换为词向量(word vector)嵌入到向量空间(vector space)中进行计算,整个的计算是针对没有语言符号的实数值(real values)进行的,而统计机器翻译需要对于语言符号及其特征表示(features representations)进行统计描述。第三,神经机器翻译不需要进行单词对齐(word alignment),而统计机器翻译需要进行单词对齐。第四,神经机器翻译不需要编制短语表(phrase table)或规则表(rule table),完全不需要手工编制的语言特征规则(language feature rules),而统计机器翻译需要手工编制或者半自动编制短语表和规则表作为统计计算的支持,而这样的语言特征规则的编制和获取是一个极为艰苦的语言特征工程(language feature engineering);第五,神经机器翻译不需要研制N元语法模型(n-gram model),而统计机器翻译须要研制N元语法模型来保证目标语言输出的流利度。第六,神经机器翻译不需要研制翻译模型(translation model),而统计机器翻译需要研制翻译模型来保证译文的忠实度。

由此可见,神经机器翻译可以完全依靠双语平行语料库的数据来进行全自动的机器翻译,摆脱了艰苦庞杂的语言特征工程,只要有大规模的、真实的语料库数据,即使不懂语言规则也可以得心应手地进行神经机器翻译的研制,而神经机器翻译的效果却远远高于基于规则的机器翻译和统计机器翻译。

目前,神经机器翻译水平已经有大幅度提高,谷歌公司的测试结果如图3.26所示:

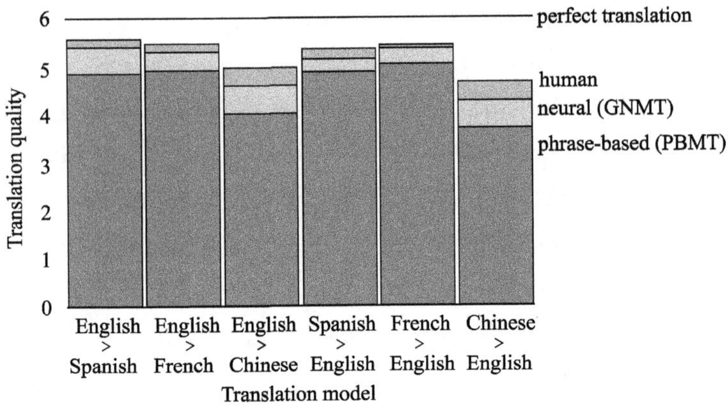

图 3.26　机器翻译系统质量比较

在图 3.26 中，翻译质量（图中标为 Translation quality）分为 0，1，2，3，4，5，6 一共 7 等，0 最差，6 为“完美翻译”（图中标为 perfect translation）。图 3.26 显示了英语—西班牙语、英语—法语、英语—汉语、西班牙语—英语、法语—英语、汉语—英语共 6 对双语翻译的测试结果，PBMT 表示“基于短语的机器翻译”（Phrase-Based Machine Translation，图中标为 PBMT），也就是基于规则的机器翻译，GNMT 表示“谷歌神经机器翻译”（Google Neural Machine Translation，图中标为 GNMT），human 表示“人工翻译”（图中标为 human），可以看出，谷歌神经机器翻译已经明显地超过了基于短语的机器翻译的水平，正在一步一步地向人工翻译水平逼近。机器翻译已经从人类的梦想成为现实。

2022 年，谷歌公司对于神经机器翻译的译文质量又做了更细致的测试。他们选定了 20 个难度不同的英语句子，用谷歌神经机器翻译系统翻译为 110 种不同的语言，再由母语者或者熟悉该语言的说话人来打分。

打分分为三类：

第一类叫作 Bard，用于衡量机器译文与人工翻译译文的接近程度，A = 5，B = 2.5，C = 0，最高分为 100。

第二类叫作 Tarzan，用于衡量机器译文的可理解程度，A = 5，B = 2.5，C = 0，最高分为 100。

第三类叫作 Fail，用于衡量机器译文的错误程度，A = 5，B = 2.5，C = 0，最高分为 100。

部分测试结果如图 3.27 所示。

Spanish was evaluated separately for SPain and Latin America. Portuguese was evaluated separately for PorTugal, Cape Verde, and BRazil. Traditional and Simplified Chinese were evaluated as one

Alphabetical	Bard	Tarzan	Fail	Bard Ranking		Tarzan Ranking		% Fail Ranking	
1 Afrikaans	67.5	87.5	12.5	1 Afrikaans	67.5	1 Afrikaans	87.5	1 Bengali	100
2 Albanian	26.25	40	60	2 German	60	2 German	82.5	1 Haitian Creole	100
3 Amharic	30	40	50	2 Portuguese-P1	60	3 Portuguese-B	80	1 Tajik	100
4 Arabic	32.5	40	60	3 Spanish-SP	57.5	3 Portuguese-C	80	2 Kurdish	95
5 Armenian	25	40	60	4 Polish	56.25	4 Spanish-LA	75	2 Nepali	95
6 Azerbaijani	37.5	55	45	5 Chinese	55	4 Spanish-SP	75	3 Latin	90
7 Basque	37.5	47.5	52.5	5 Croatian	55	5 Polish	72.5	3 Malaysian	90
8 Belarusian	40	55	45	5 Spanish-LA	55	6 Danish	70	3 Urdu	90
9 Bengali	0	0	100	6 Dutch	52.5	6 Greek	70	4 Maori	85
10 Bosnian	30	40	60	6 Galician	52.5	7 Chinese	65	5 Cebuano	80
11 Bulgarian	40	60	40	6 Greek	52.5	7 Croatian	65	5 Georgian	80
12 Catalan	37.5	60	40	6 Portuguese-Bl	52.5	7 Dutch	65	5 Kinyarwanda	80
13 Cebuano	12.5	20	80	6 Portuguese-C\	52.5	7 Finnish	65	5 Persian	80
14 Chichewa	17.5	30	70	7 Italian	50	7 Hungarian	65	5 Punjabi	80
15 Chinese	55	65	35	7 Latvian	50	7 Portuguese-P	65	5 Uzbek	80
16 Corsican	22.5	35	65	8 Indonesian	47.5	8 Welsh	62.5	6 Xhosa	77.5
17 Croatian	55	65	35	8 Hungarian	47.5	9 Indonesian	60	7 Hawaiian	75
18 Czech	43.75	55	45	8 Igbo	47.5	9 Bulgarian	60	7 Javanese	75
19 Danish	40	70	30	8 Serbian	47.5	9 Catalan	60	7 Lao	75
20 Dutch	52.5	65	35	9 Finnish	45	9 French	60	7 Myanmar/ Burm	75
21 Esperanto	40	55	45	9 French	45	9 Galician	60	7 Pashto	75
22 Estonian	27.5	45	55	9 Hebrew	45	9 Igbo	60	7 Samoan	75
23 Filipino	25	35	65	9 Swedish	45	9 Italian	60	7 Swahili	75
24 Finnish	45	65	35	10 Czech	43.75	9 Kazakh	60	7 Thai	75
25 French	45	60	40	10 Welsh	43.75	9 Latvian	60	7 Yoruba	75
26 Frisian	30	40	60	11 Japanese	42.5	9 Macedonian	60	8 Chichewa	70
27 Galician	52.5	60	40	11 Kazakh	42.5	9 Maltese	60	8 Hindi	70
28 Georgian	10	20	80	11 Korean	42.5	9 Odia (Oriya)	60	8 Icelandic	70
29 German	60	82.5	17.5	11 Malaysian	42.5	9 Sesotho	60	8 Lithuanian	70
30 Greek	52.5	70	30	11 Romanian	42.5	9 Slovenian	60	8 Marathi	70
31 Gujarati	30	45	55	12 Belarusian	40	9 Swedish	60	8 Shona	70
32 Haitian Creole	0	0	100	12 Bulgarian	40	10 Azerbaijani	55	8 Somali	70
33 Hausa	27.5	35	65	12 Danish	40	10 Belarusian	55	8 Zulu	70
34 Hawaiian	15	25	75	12 Esperanto	40	10 Czech	55	9 Kyrgyz	67.5
35 Hebrew	45	45	55	12 Mongolian	40	10 Esperanto	55	10 Corsican	65
36 Hindi	22.5	30	70	12 Russian	40	10 Japanese	55	10 Filipino	65
37 Hmong	27.5	40	60	12 Scots Gaelic	40	10 Korean	55	10 Hausa	65
38 Hungarian	47.5	65	35	12 Slovenian	40	10 Romanian	55	10 Luxembourgish	65
39 Icelandic	20	30	70	12 Turkish	40	10 Serbian	55	10 Tamil	65
40 Igbo	47.5	60	40	13 Azerbaijani	37.5	11 Malayalam	50	10 Tatar	65

图 3.27　谷歌神经机器翻译部分测试结果

从测试结果可以看出，英语到一些主流语种（如德语、葡萄牙语、西班牙语、波兰语、汉语）的译文可理解度，达到了较高的水平，最高可以达到 87.5 分。这说明，英语到这些主流语种的神经机器翻译已经可以实用了，这是神经机器翻译研究的重要成就。由于使用了大规模的平行语料库数据来获取语言知识，大大地提高了机器翻译的水平。

神经机器翻译和统计机器翻译都使用经验主义的方法，它们都须要大规模语言数据的支持。与统计机器翻译比较起来，语料库的数据规模对于神经机器翻译质量的影响更为明显，神经机器翻译须要更大规模的语料库数据资源的支持。

在图 3.28 中，横轴表示语料库数据规模（Corpus Size）的大小，也就是语料库中包含英语单词（English Words）的数量，纵轴表示机器翻译自动评测指标 BLEU 值（Bi-Lingual Evaluation Understudy），也就是机器翻译系统质量的水平。从图 3.28 中可以看出，在基于短语的（Phrase-Based）统计机器翻译系统中，当语料库数据的规模为 10^6 个单词时，它的 BLEU 值为 18.1，当语料库数据的规模为 10^7 个单词时，它的 BLEU 值平稳地上升为 23.5，当语料库数据的规模为 10^8 个单词时，它的 BLEU 值进一步平稳地上升为 26.9；在带有大规模语言模型基于短语的（Phrase-Based with Big LM）统计机器翻译系统中，当语料库数据的规模为 10^6 个单词时，它的 BLEU 值为 23.4，当语料库数据的规模为 10^7 个单词时，它的 BLEU 值平稳地上升为 27.9，当语料库数据的规模为 10^8 个单词时，它的 BLEU 值进一步平稳地上升为 29.6；随着语料库数据规模的逐渐地增大，统计机器翻译系统的质量也平稳地增大。在神经（Neural）机器翻译系统中，当语料库数据的规模为 10^6 个单词时，它的 BLEU 值仅仅为 7.2，当语料库数据的规模为 10^7 个单词时，它的 BLEU 值大幅度地猛增为 22.4，当语料库数据的规模为 10^8 个单词时，它的 BLEU 值又进一步大幅度地猛增为 29.2，随着语料库规模的增大，神经机器翻译系统质量的增长幅度远远地大于统计机器翻译系统质量的增长幅度。这说明，语料库数据规模的大小，对于神经机器翻译系统的影响比对于统计机器翻译系统的影响大得多。如果语料库数据规模小于 10^7 个单词，神经机器翻译的质量是比不上统计机器翻译的，当语料库数据规模达到 10^8 个单词时，神经机器翻译的质量与统计机器翻译的质量大致持平。而当语料库数据规模超过 10^8 个单词时，神经机器翻译的质量才有可能超过统计机器翻译。

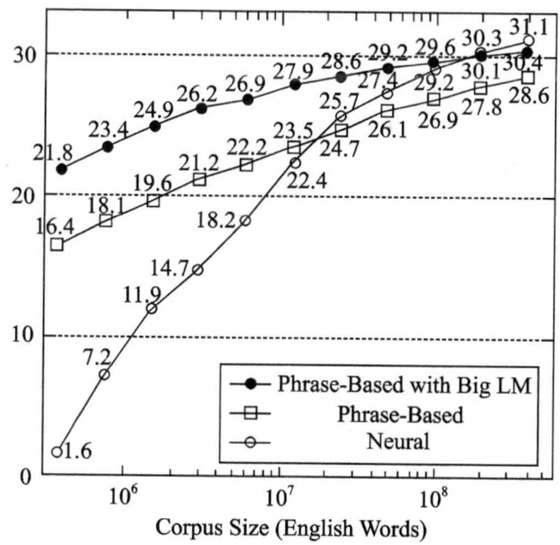

图 3.28　统计机器翻译数据规模与神经机器翻译数据规模的比较

据统计，现在世界上的语言有7000种之多，其中只有少量的主流语言（如英语、汉语、西班牙语、法语、德语、俄语等）拥有丰富的数据资源。由于语言数据资源丰富，这些主流语言的神经机器翻译的效果都不错。

2017年国际机器翻译会议（WMT）对于新闻文本的神经机器翻译系统进行了评测，评测结果以直接评估（Direct Assessment，简称DA）的分数来表示。

其中，主流语言之间神经机器翻译的DA得分都比较高。例如，汉英神经机器翻译系统和英汉神经机器翻译系统的DA得分都是73%，德英神经机器翻译系统的DA得分是78%，英德神经机器翻译系统的DA得分是73%，俄英神经机器翻译系统的DA得分是82%，英俄神经机器翻译系统的DA得分是75%，法语和西班牙语与英语之间的神经机器翻译系统由于已经比较成熟，没有参加这次评测。显而易见，世界上主流语言之间的神经机器翻译已经取得了可喜的成绩。

然而，世界上的其他大多数语言都没有丰富的数据资源，处于语言数据匮乏（poverty of language data resources）的状态，要对这些语言进行神经机器翻译就非常困难。

在2017年国际机器翻译会议（WMT）评测中，凡是涉及非主流小语种（如芬兰语、土耳其语、拉脱维亚语、捷克语）的神经机器翻译系统的DA得分都不理想。英语到芬兰语、土耳其语、拉脱维亚语的神经机器翻译系统的DA得分都不到60%，英语到捷克语神经机器翻译系统的DA得分才勉强达到62%。可见，如果没有丰富的语言数据资源的支持，世界上大多数的语言都难以使用神经机器翻译技术。

我国有 56 个民族，少数民族的语言有 80 多种，少数民族的文字有 30 种，除了汉语之外，其他语言文字（如维吾尔语、哈萨克语、藏语、彝语）都处于数据匮乏的状态。在目前的技术水平之下，要对这些数据匮乏的语言进行神经机器翻译仍然是非常困难的。

如果涉及专业翻译，数据匮乏的问题就更加严重了。以医疗专业为例，在 2019 年国际机器翻译会议（WMT）的评测中，用于训练医疗专业（biomedical）神经机器翻译系统的数据资源就显得十分匮乏。德 / 英：英 / 德（de/en: en/de）机器翻译系统只有 3669 个文档，包括 40 398 个句子，西 / 英：英 / 西（es/en: en/es）机器翻译系统只有 8626 个文档，包括 100 257 个句子，法 / 英：英 / 法（fr/en: en/fr）机器翻译系统只有 5640 个文档，包括 75 049 个句子，葡 / 英：英 / 葡（pt/en: en/pt）机器翻译系统只有 4185 个文档，包括 49 918 个句子，而汉 / 英：英 / 汉（zh/en: en/zh）机器翻译系统，几乎找不到医疗专业的数据资源。而用于测试医疗专业神经机器翻译系统的数据资源只有 50 个文档，包括 283 至 719 个句子，只有西 / 英：英 / 西（es/en: en/es）机器翻译系统有 6624 条术语。在这些语言对中，每对语言用于训练的语料数据包含的单词量都远远少于 10^8 个单词，因而难以保证神经机器翻译的质量，机器翻译的译文质量不佳（图 3.29）。

自然语言处理已经进入了大语言模型（Large Language Model, LLM）的时代。在当前的神经机器翻译研究中，语言数据资源的匮乏是一个非常严重的问题，对于神经机器翻译而言，几百万个句子的语料都不能算作是大数据（big data），商用神经机器翻译系统基本上都要数千万个句子的大数据作为训练语料。如果语言数据匮乏，神经机器翻译的译文质量是难以保证的。

Language pairs	Medline training		Medline test		Terminology test
	Documents	Sentences	Documents	Sentences	Terms
de/en en/de	3669	40 398	50	589	-
			50	719	-
es/en en/es	8626	100 257	50	526	-
			50	599	6624
fr/en en/fr	6540	75 049	50	486	-
			50	593	-
pt/en en/pt	4185	49 918	50	491	-
			50	589	-
zh/en en/zh	-	-	50	283	-
			50	351	-

图 3.29　2019 年 WMT 评测中的医疗专业数据资源

3. 神经机器翻译缺乏人文硬核

神经机器翻译中使用的深度学习技术在本质上是一种模式识别技术，计算机在翻译时，只是使用编码器－解码器模型进行文本数据的转换，并不能真正理解文本的内容。有人把这种情况比之于“鹦鹉学舌”。经过训练的鹦鹉虽然能够模仿人类说话，但是，鹦鹉在说话时并不理解说话的内容。

不过，我们觉得，深度学习比鹦鹉学舌要先进得多。

与“鹦鹉学舌”不同的是，计算机通过深度学习可以理解到语言文本内部的一些局部性内容，可以深入挖掘语言数据内部各种参数之间的联系，深度学习把语言内部的语义看成上下文的关联性，采用词向量（word vector）来描述这样的关联性，这是“鹦鹉学舌”做不到的，这种进步依靠的是语料和计算能力的大幅度提高。在神经机器翻译中，深度学习依靠大规模数据和强大的计算能力，可以挖掘语言数据内部参数之间的复杂关系，因而具有描述语言内部关系的强大能力，不过，深度学习还有局限，它在多义词的辨别、指代关系的确定等方面常常显得无能为力，其可解释性也不强。

人对于自然语言的理解除了依靠语言内部的各种关系知识之外，还需要依靠外部物理世界、外部精神世界和外部社会历史世界等背景知识。自然语言文本中的每一个符号、每一个合乎规则结构的符号串，在人脑中都与外部客观世界有着千丝万缕的联系。这些复杂联系不仅以概念的符号形式表现出来，还具有视觉、听觉、触觉、体内觉等表征，甚至更深入的心理感情表征以及社会文化背景，当前深度学习通过多模态建模已经具备一定的视觉和听觉能力，但是还不具备处理触觉和体内觉的能力，更不能处理丰富多彩的语言外常识。因此，深度学习还不能挖掘语言数据与外部世界的多种多样的复杂联系，这是当前人工智能（artificial intelligence）与人类智能（human intelligence）的最根本的差别。所以，我们认为，目前广为流行的神经机器翻译尽管已经取得了很大进步，已经具有一定模拟人类语言内部结构的能力，但是模拟外在世界以及社会历史背景的能力还十分有限。从本质上说，神经机器翻译具备的智能还不是完善的人类智能，只是初级阶段的人类智能。所以，目前的自然语言处理还处于初级阶段。

翻译是人类的高级智能活动，翻译活动不仅涉及语言内部的结构，还涉及语言外部的日常生活知识、社会知识、历史知识、文化背景知识、人们的心理状态、人们的情感愿望等极为复杂、丰富多彩的因素，这些因素构成了翻译的“人文硬核”

（humanity cores）。以模式识别技术为基础的神经机器翻译难以处理这些复杂而丰富的"人文硬核"，因此，当神经机器翻译遇到"人文硬核"时，就往往会捉襟见肘、左右为难。

1960 年，著名数理逻辑学家巴希勒（Y. Bar-Hillel）在《语言自动翻译现状》一文中举了一个很有意思的例子来说明机器翻译的困难性。例子如下：

Little John was looking for his toy box. Finally he found it. The box was in the pen. John was very happy.

（小约翰在寻找他的玩具盒子。他最后找到了它。那个盒子在游戏围栏里。他非常高兴。）

巴希勒指出，在这段短文中的单词 pen 有两个意思：一个意思是"钢笔"，一个意思是"游戏围栏"。计算机要把这段短文中的单词 pen 正确地理解成"游戏围栏"而不能理解为"钢笔"，是一件不容易的事情。因此，巴希勒断言，在当时的技术水平下，要对这段短文进行正确的机器翻译是不可能的[①]。这就是著名的"巴希勒难题"（Bar-Hillel problem）。

2022 年 4 月，我使用目前最受人欢迎的神经机器翻译系统 DeepL 来翻译巴希勒 1960 年提出的那个英语例子。

下面是 DeepL 给出的译文：

小约翰一直在寻找他的玩具箱。最后他找到了。盒子就在笔里。约翰非常高兴。

① Bar-Hillel, Y. The Present Status of Automatic Translation of Languages [C] // F. Alt, (Ed.), *Advances in Computers* 1:91–163, Academic Press. 1960.

神经机器翻译系统 DeepL 没有能力解决巴希勒 62 年前提出的“巴希勒难题”，仍然把“*The box was in the pen*”错误地翻译为“盒子就在笔里”。

产生这种错误的原因在于：

第一，神经机器翻译系统没有外部的知识，不知道玩游戏需要一个“游戏围栏”，这个“游戏围栏”在英语中就叫作 pen，因此，就把 pen 错误地翻译成“笔”。

第二，神经机器翻译系统也不知道“盒子”的体积大于“笔”的体积这样语言之外的常识，因而翻译成“盒子就在笔里”，违背了普通的常识。

从 1960 年至 2022 年，62 年悄然过去了，但是“巴希勒难题”仍然没有得到解决。凡是遇到这类涉及语言之外的常识问题，神经机器翻译往往都会出错。这是神经机器翻译的软肋。

尽管神经机器翻译取得了很大成绩，但是，由于深度学习和神经网络技术都是建立在模式识别基础之上的，是一种基于大数据的连接主义方法，缺乏可解释性，难以理解翻译中深刻的“人文硬核”，也不具备处理语言外丰富多彩的各种知识的能力。说到底，神经机器翻译还不具有真正的智能。现在神经机器翻译遇到了严重的“人文硬核”瓶颈。传统的“符号处理”（symbol manipulation）技术可以为神经机器翻译提供有关的语言学规则和语言外常识，从而缓解神经机器翻译“人文硬核”的瓶颈问题，在这样的情况下，基于语言大数据的连接主义方法很有必要与基于语言规则和语言外常识的符号主义方法结合起来。

我们衷心地希望下一代学者不要过分地迷信目前广为流行

的基于语言大数据的连接主义方法，不要轻易地忽视目前受到冷落的基于语言规则和语言外常识的符号主义方法。我们应当让下一代学者做好创新的准备，积极探索新的研究范式，把基于语言大数据的连接主义方法与基于语言规则和语言外常识的符号主义方法巧妙地、精准地结合起来，从而把机器翻译的研究推向深入。

文学作品的翻译充满艰辛却又令人神往，文学翻译与任何其他需要人类丰富创造力的智能活动领域一样，都需要译者具备精湛的人文科学的素养。我们来研究下面摘自 18 世纪曹雪芹小说《红楼梦》中第四十五回末尾处的一段文字：

“黛玉自在枕上感念宝钗……

又听见窗外竹梢焦叶之上，雨声淅沥，清寒透幕，不觉又滴下泪来。”

我们把中文原文用英文词逐个对应如下：

黛玉	自	在	枕	上	感念	宝钗	……
Dai-yu	alone	on	bed	top	think-of-with-gratitute	Bao-chai	...

又	听见	窗	外	竹	梢	焦	叶
again	listen to	window	outside	bamboo	tip	plantain	leaf of

之上	雨	声	淅沥，	清	寒	透	幕，
On-top	rain	sound	sign drip,	clear	cold	penetrate	curtain,

不	觉	又	滴	下	泪	来。
not	feeling	again	fall	down	tears	come.

英国著名文学翻译家霍克斯(David Hawkes)对于这段文字的英文翻译如下：

“*As she lay there alone, Dai-yu's thoughts turned to Bao-chai... Then she listened to the insistent rustle of the rain on the bamboos and plantains outside her window. The coldness penetrated the curtains of her bed. Almost without noticing it she had begun to cry.*”

霍克斯的译文非常精彩。中文的“枕上”英文读者很难理解,因此,霍克斯只是简单地翻译为“she lay there alone”。由于中文几乎没有动词时态和语态的变化,因此霍克斯不得不决定将中文“透”翻译为penetrated,而不是was penetrating或had penetrated。霍克斯添加了物主代词her使得her window相比the window更适合那种安静闲适的卧室气氛。为了使不熟悉中国床帷的英文读者能清楚地理解,霍克斯将“幕”翻译为curtains of her bed。最后,短语“竹梢焦叶”的中文非常优雅,这种四字格短语是有文化品位的标志,但是如果以词对词的方式翻译为英文,那就很糟糕了,因此霍克斯只是简单地将它翻译为bamboos and plantains。

显然这类文学翻译要求译者对源语言中的输入文本的文化背景具备博大精深的理解,同时也需要译者能够老练地、富有诗意地、创造性地运用目标语。

我们使用神经机器翻译DeepL对这段文字的翻译结果如下：

“*Daiyu since on the pillow sentimental Baochai... And heard outside the window above the bamboo scorched leaves, the sound of rain, clear cold through the curtain, do not feel and drops of tears.”*

这段机器译文的意思虽然可以大致猜出来,但是文采尽失。

由此可见,将文学作品从一种语言到另外一种语言的高质量翻译,是机器翻译难以胜任的,应当由人工翻译来承担。

在把英语的科技文章翻译为汉语时,译者须要根据文章所属的科技领域,把英语的多义术语分别翻译成不同的汉语术语。例如,英语的 bridge 在建筑学中表示“桥”,在音乐中表示弦乐器上的“琴马”,在牙科学中表示“齿桥”。学科不同,多义术语的含义各不一样,才不至于造成科学交流的困难。

在科技翻译中,多义术语的翻译是一个棘手问题。有的多义术语可以表示许多概念。例如,英语的 carrier 至少就代表着如下的 12 个概念:(1)载波;(2)承载子,承载形;(3)载体;(4)载流子;(5)载波频率,基频;(6)运载工具,搬运车;(7)航空母舰;(8)载架;(9)带基因者;(10)带病体;(11)鸡心夹头;(12)带菌者。人工翻译时,译者需要根据他丰富而广博的科学知识,从多个不同的术语中选择恰当的术语。而机器翻译很难正确地区分对于像 carrier 这样的多义术语,往往会造成翻译的错误。

口语翻译可以分为同声传译和交替传译。同声传译是在不打断说话人讲话的情况下,不间断地把讲话的内容口译给听众的一种翻译方式。交替传译是说话者说完一段话之后,翻译者再口译给听众的一种翻译方式。目前尽管机器翻译也可以做同声传译和交替传译,但是,由于计算机并不理解口译的意义,常常出错。因此,重要的同声传译和交替传译必须由人工翻译来承担。

由此可见,人工翻译是人类高级的智能活动,是机器翻译难以完全替代的。

机器翻译是人工智能皇冠上的明珠,它不仅仅需要计算机科学和数学的支持,还需要语言学、心理学、神经科学、社会学、人类学等学科的支持,只有汇聚各种知识,形成强大力量,机器翻译研究才有可能突破"人文硬核"的瓶颈,继续开辟出一片新天地。

复杂的高端翻译工作是计算机无法完全替代的。优秀文学作品的翻译、经典著作的翻译、世界名著的翻译、政策文件的翻译、科学技术文献的翻译、风险性高的翻译、重要的同声传译和交替传译,都是要由人来进行的,由于机器翻译现在还难以理解这些文本中蕴含的丰富多彩的"人文硬核",一旦翻译失误,后果极为严重。因此,这些高端的翻译工作必须由人来承担。

2016 年在加拿大多伦多举行的一次人工智能会议上,深度学习权威专家辛顿(Geoffrey Hinton)曾说过,

> "如果你是一名放射科医生,那你的处境就像一只已经在悬崖边缘但还没有往下看的郊狼。"

辛顿认为,深度学习非常适合读取核磁共振(MRIs)和 CT 扫描图像,因此,放射科医生已经没有什么用处了,人们应该停止培训放射科医生。

但是,在 6 年后的今天,我们并没有看到哪位放射科医生被取代,成千上万的放射科医生仍然没有失业,他们仍然在辛辛苦苦工作着。人们发现,深度学习在放射学中应用非常困难,至少到目前为止,放射科医生和深度学习二者的优势还处于彼

此互补，而不是彼此替代。尽管辛顿因为在深度学习方面的出色研究获得图灵奖，但是实践证明他对于取代放射科医生的预见是错误的，他过度高估了深度学习的能力。

近年来，由于机器翻译的成功，它的翻译能力往往容易被人们夸大了，从传统媒体到新媒体，对于机器翻译技术夸大宣传的声音不绝于耳。几年前我国也有人认为，既然计算机已经可以做机器翻译，也没必要再培养翻译人员了，外语专业也应当停止招生，翻译人员就要失业了。

现在，已经进入 2024 年，我们并没有看到翻译人员失业，外语专业也在招生，而且生源充足。

据《2019 年中国语言服务行业发展报告》统计：2019 年，全球语言服务产值首次接近 500 亿美元；中国涉及语言服务的在营企业有 360 000 余家，2021 年，中国涉及语言服务的在营企业有 423 547 家，以语言服务为主营业务的在营企业近万家，总产值超过 300 亿元，年增长 3% 以上。在这 300 亿元的产值中，当然也有机器翻译的贡献（据统计，在上述以语言服务为主营业务的上万家在营企业中具有机器翻译和人工智能业务的企业有 252 家）。但是，绝大部分产值是人工翻译贡献的。因此，人工翻译仍然是我国语言服务产业的主力军。

外语专业仍然在招生。现在，全国开设外语类专业的高校数量多达上千所，其中设立有翻译硕士和翻译本科专业的院校分别有 250 余所和 280 余所，翻译硕士累计招生数达 6 万余人。

可见，尽管机器翻译在我国有了长足进步，但是，机器翻译并不能代替人工翻译。人工翻译仍有着蓬勃的生命力，还会继续发展。高端的人工翻译是机器翻译永远也取代不了的。

机器翻译可以帮助人们获取信息，进行信息沟通和交流，还可以作为自然语言处理系统管道流的一部分，加入到自然语言处理的管道式系统中，也可以参与多模态的机器翻译。

在人工智能时代，翻译工作中越来越多地使用计算机翻译技术，如机器翻译译后编辑（machine translation post editing，简称 MTPE）技术、术语数据库（terminology data bank，简称 TDB）技术等，MTPE 可以修正机器译文的错误并润色机器译文，TDB 可以修正并统一机器译文的术语，这些技术有助于提高人工翻译的效率。从事人工翻译的翻译工作者应当与时俱进，欢迎这些技术，学习这些技术，掌握这些技术。

在机器翻译中，使用 MTPE 有效地提升了翻译质量。图 3.30 比较了 MTPE 的翻译速度与专业译员人工直接翻译的翻译速度，可以看出，MTPE 把人工直接翻译速度提高了 42% 至 131%。

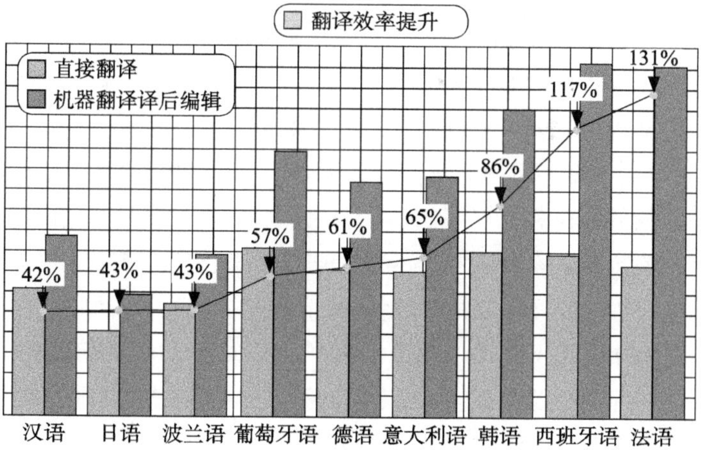

图 3.30　MTPE 把人工直接翻译速度提高了 42%—131%

我们认为，机器翻译将成为人工翻译的好朋友和得力助手，机器翻译和人工翻译应当和谐共生，相得益彰。

4. 神经机器翻译与记忆负担最小化

神经机器翻译要依靠大规模真实的数据库，开发成本很高，需要的硬件设备（CPU 和 GPU）也很昂贵，运行时的碳排放量很大。怎样降低开发的成本，节省硬件的设备，实现绿色环保的机器翻译，是对于神经机器翻译的一个挑战。我们可以根据语言学中记忆负担最小化（memory-load minimum）的原理，来探讨这个问题的解决办法。

在语言的使用中，存在着记忆负担最小化的倾向。熵（entropy）是在语言交际过程中语言符号所负荷的信息量大小的度量。根据香农（Shannon）信息编码第二定律，编码时，码字的长度不能小于码字符号的熵，冯志伟在 1974 年测出汉字的熵 H_1 为 9.65 比特，大于一个字节（一个字节是 8 比特），因此，如果在计算机上给汉字编码，汉字至少要采用双字节编码，而不能像美国的 ASCII 码那样采用单字节（8 比特）编码。这项研究为汉字的多八位双字节编码提供了理论根据。

冯志伟在汉字熵的研究中还发现，文本的阅读速度 V（每分钟阅读的字符数）与字符的熵 H_1 之间存在着反比关系，在不同字符的文本阅读中，字符的熵 H_1 越小，阅读速度 V 越快，字符的熵 H_1 越大，阅读的速度 V 越慢，阅读速度 V 与字符的熵 H_1 的乘积是一个常数 k，这个常数 k 反映了人们阅读文本字符的能力，在不同字符的文本阅读中，人们阅读文本字符的能力是大致相同的。因此，应当存在下列的公式：

$$V \cdot H_1 = k$$

当然，这只是冯志伟的一个“猜想”（hypothesis），还有待更充分的语言数据和更精确的科学实验来检验这个猜想。

不过，这个猜想给我们启示，它说明了，人们在阅读时的记忆负担（memory load）是有限的，如果语言符号的熵值 H_1 很大，阅读的速度 V 将会减慢；如果语言符号的熵值 H_1 较小，阅读的速度 V 将会加快。人们在阅读时总是设法减少记忆负担，让记忆负担最小化。

记忆负担最小化应当是语言运行机制中一个带有普遍性的原则。言语活动中存在着两种从内部促使语言运动发展的力量：一种力量是语言结构的复杂化和多样化，一种力量是语言使用中记忆负担的最小化，这两种力量相互作用和相互冲突的结果，使得语言能够成功地完成其交际功能，从而达到相对的平衡和稳定。

美国语言学家齐普夫（Zipf, 1902—1950）提出了齐普夫定律（Zipf's law）。

假设我们研究包含 N 个词的文本，根据这些词在文本中出现频率（frequency）递减的顺序，把它们排列起来，并且顺次从 1 排到 L，给它们编上序号（rank），做出这个文本的词表。在数学上，词的频率大致相当于词的概率（probability），因此可以用 P_r 表示序号为 r 的词的频率，词的序号用 r 表示，序号 r 可以取区间 $1 \leqslant f \leqslant L$ 内的全部自然数值。词表的形式如图 3.31 所示：

从图 3.31 中不难看出，当词表中的词的序号 r 增大的时候，相应的词在这个文本中出现的频率 P_r 也逐渐地减小，当词的序号 r 由 1 增大到 L 的时候，与序号 r 相对应的词的出现频率 P_r

就由 P_1 逐渐地减小到 P_L。齐普夫通过实验发现，P_r 与 r 之间有下列关系：

词的序号(r)	词的频率(Pr)
1	P_1
2	P_2
…	…
R	P_r
…	…
L	P_L

图 3.31　词表

$$P_r=\frac{K}{r^\gamma}$$

在这个公式中，r 表示词在词表中的序号，P_r 表示序号为 r 的词的频率，K 和 γ 都是常数，齐普夫由实验测出，γ 大约等于 1，K 大约等于 0.1。这就是齐普夫定律。

这个公式也可以改写为

$$P_r=Kr^{-\gamma}$$

改写后的这个公式就是数学中“幂律”（power law）公式，它满足幂律的要求。显而易见，齐普夫定律是一个关于单词在词表中频率的分布定律，根据幂律公式，可以直接从序号推算出该序号单词的频率[①]。

---

① 冯志伟，语言数学规律的早期描述——齐普夫定律，冯志伟文化博客，网络（http://blog.sina.com），2012 年。

齐普夫定律在代数上满足“幂律”的要求，在几何上表现为“长尾分布”（long-tail distribution），它的分布曲线上的低频率单词部分形成一条长长的尾巴，绵延数千个单词。如图 3.32 所示。

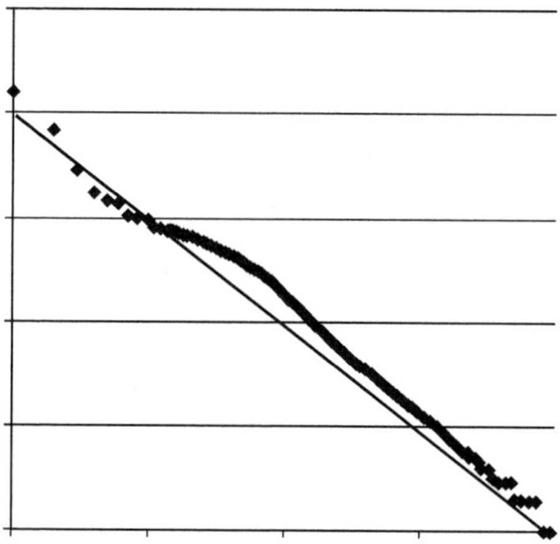

图 3.32 单词的长尾分布

齐普夫定律说明了，尽管语言中存在着成千上万的单词，但是，只要人们掌握了其中为数不多的高频率单词，就可以基本上达到交流思想的目的，完全没有必要去掌握全部的单词，尽管低频率的单词数量众多，在分布曲线上形成一条长长的尾巴，但是，分布在这条长长的尾巴上的、为数巨大的低频率单词，在语言交际中的作用并不很大，我们在语言学习和自然语言处理的系统开发中，如果遵循“长尾分布”的规律，着重学习和处理那些为数不多的高频单词，就可以收到事半功倍的效果。这样的长尾分布显然是记忆负担最小化的机制在词汇使用中的表现。

2021 年，中国字节跳动人工智能实验室（ByteDanse AI Lab）的机器翻译研究团队根据“长尾分布”的原理，提出了一种缩小词表规模的方法，出色地解决了这个问题，他们的论文《神经机器翻译中通过最优运输的词表学习》（Vocabulary Learning via Optimal Transport for Neural Machine Translation）得到了 2021 年国际计算语言学学会（ACL）最佳论文奖。

在神经机器翻译中，单词是以“子词”（sub-word）的形式存储的。例如，英语句子“The most eager is Oregon which is enlisting 5000 drivers in the country”（“最积极的是奥勒冈，它在国内招募了 5000 名司机”），在机器翻译时，首先把这个句子划分成若干个单元，每一个单元对应于一个编码，然后把这串编码输入到神经网络中。如图 3.33 所示。

存在三种不同的切分方法：一种是在单词层面（Word level）输入原文本中的单词，把句子拆分为组成它的单词；一种是在字符层面（Char level）把单词拆分为字符，一种是在子词层面（Sub-word level）把单词拆分为子词。所谓子词就是构成单词的语素（例如，前缀、词根、词干、后缀、词尾等）。实验证明，在神经网络机器翻译中，在子词层面进行拆分是一种比较好的方法，因为以子词为单位拆分便于计算机处理。

语言中有成千上万的子词，如果全部都存储在子词库中，其加工成本是相当高的。根据齐普夫定律，语言中为数不多的高频词可以覆盖文本的绝大部分，而为数众多的低频词却是很少使用的。因此，在神经机器翻译中，为数不多的高频子词就可以覆盖文本的绝大部分，而为数众多的低频子词在实际的文本中却很少出现，齐普夫定律在几何上的表示是“长尾分布”，子词的分布曲线恰好也形成一个“长尾分布”，如图 3.34 所示。不难看出，图 3.34 的长尾分布与前面图 3.32 中单词的长尾分布是非常相似的，它们都拖着一根长长的尾巴。

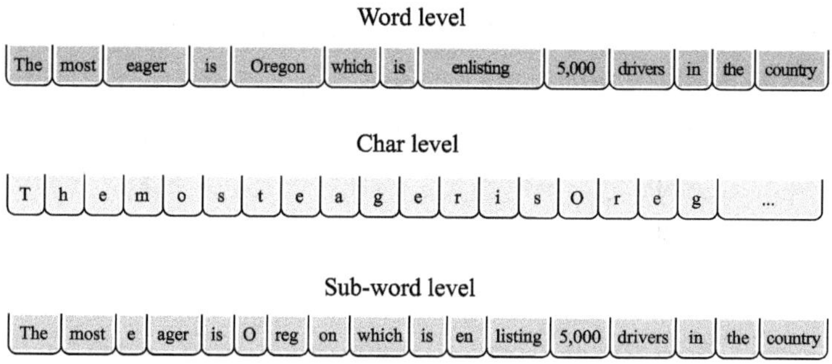

图 3.33　把句子拆分为子词

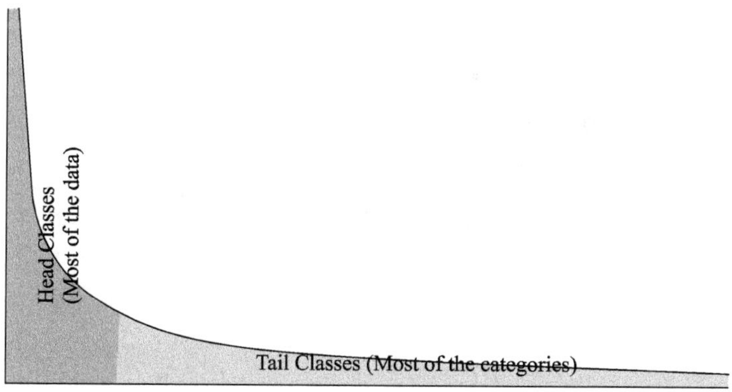

图 3.34　子词的长尾分布

在图 3.34 中，高频子词占了文本数据的大多数（most of the

data),它们分布在曲线前段的中心类别(Head Classes)部分,而低频子词为数众多,它们分布在曲线后段的长尾类别(Tail Classes)部分,形成一条长长的尾巴,绵延数千个子词。语言学上的大量事实证明,这样的长尾分布是各种语言中的普遍现象。长尾分布符合记忆负担最小化机制,关注高频的子词,忽略低频的子词,就可以减轻记忆的负担,实现记忆负担的最小化。

根据长尾分布的原理,如果在神经机器翻译中引入大量的低频子词,收益就会越来越小,机器翻译系统开发的成本就会越来越高,最终将会得不偿失。因此,字节跳动团队定义了一个最优的子词表(sub-word vocabulary)规模,使得边际收益恰好等于边际成本的子词表规模,从而在总体上得到最大的收益。

字节跳动团队进一步把子词表问题转化成了一个神经机器翻译系统的优化问题,然后使用"最优运输"(optimal transport)的思想提出了一种解决方案,并用深度学习方法实现了这个方案。

这样的方法大大地缩小了神经机器翻译中子词表的规模,同时又保持了与其他机器翻译系统相近的翻译效果。字节跳动团队的神经机器翻译软件叫作 VOLT,目前业界最常用的神经机器翻译设置叫作 BPE–30K。我们来比较一下 VOLT 和 BPE–30K 对于英语与其他若干种语言的神经机器翻译的效果。比较结果如图 3.35 所示,黑体字表示胜出方。

图 3.35 是国际机器翻译 WMT–14 和 TED 的评测结果,图中语言代码的含义分别是:En(英语),ES(西班牙语),PT br(葡萄牙语),Fr(法语),Ru(俄语),He(希伯来语),Ar(阿拉伯语),It(意大利语),Nl(荷兰语),Ro(罗马尼亚语),Tr(土耳其语),De(德语),Vi(越南语)。

Bilingual	WMT-14	TED											
En-X	De	Es	PTbr	Fr	Ru	He	Ar	It	Nl	Ro	Tr	De	Vi
BPE-30K	29.31	39.57	39.95	40.11	19.79	26.52	16.27	34.61	32.48	27.65	15.15	29.37	28.20
VOLT	**29.80**	**39.97**	**40.47**	**40.42**	**20.36**	**27.98**	**16.96**	**34.64**	**32.59**	**28.08**	**16.17**	**29.98**	**28.52**
X-En	De	Es	PTbr	Fr	Ru	He	Ar	It	Nl	Ro	Tr	De	Vi
BPE-30K	**32.60**	**42.59**	45.12	**40.72**	24.95	37.49	31.45	38.79	37.01	35.60	25.70	36.36	27.48
VOLT	32.30	42.34	**45.93**	**40.72**	**25.33**	**38.70**	**32.97**	**39.09**	**37.31**	**36.53**	**26.75**	**36.68**	**27.39**
Vocab Size (K)	De	Es	PTbr	Fr	Ru	He	Ar	It	Nl	Ro	Tr	De	Vi
BPE-30K	33.6	29.9	29.8	29.8	30.1	30.0	30.3	33.5	29.8	29.8	29.9	30.0	29.9
VOLT	**11.6**	**5.3**	**5.2**	**9.2**	**3.3**	**7.3**	**9.4**	**3.2**	**2.4**	**3.2**	**7.2**	**8.2**	**8.4**

图 3.35　VOLT 与 BPE-30K 比较

最上面的两行是英语到其他语言（En-X）的神经机器翻译的 BLEU 值[①]得分，中间两行是其他语言到英语（X-En）的神经机器翻译的 BLEU 值得分，可以看出，VOLT 的大部分得分都优于 BPE–30K，不过两者的相差不是很大。最后两行是子词表规模（Vocab Size）比较，可以看出，VOLK 的子词表规模比 BPE–30K 的子词表规模小得多，二者的差别很大。也就是说，要达到相近的神经机器翻译得分，VOLK 只要较小的子词表就可以完成，而 BPE–30K 则要用很大的子词表才能达到与 VOLT 相近的水平。

例如，如图 3.35 所示，在国际机器翻译 WMT–14 的评测中，对于英语（En）—德语（De）神经机器翻译，BPE–30K 要 33.6k 的子词表，而 VOLT 只要 11.6k 的子词表，其规模只是 BPE–30K 的三分之一。在 TED 评测中，对于英语（En）—俄语（Ru）神经机器翻译，BPE–30K 要 30.1k 的子词表，而 VOLT 只要 3.3k 的子词表，其规模只是 BPE–30K 的九分之一。在英语—其他语言的神经机器翻译中，BPE–30K 与 VOLT 子词表规模的

① BLEU 值是衡量机器翻译水平的一种有效指标。

比例分别是：29.9:5.3，29.8:5.2，29.8:9.2，30.0:7.3，30.3:9.4，33.5:3.2，29.8:2.4，29.8:3.2，29.9:7.2，30.0:8.2，29.9:8.4。在所有参与 TED 评测的语言中，VOLT 子词表的规模都比 BPE–30K 子词表的规模小得多。

子词表规模越小，神经机器翻译系统的能耗也就越小，系统的开发成本也就越低，因而也就更加环保。从图 3.36 可以看出，BPE–30K 搜索需要运行 384 小时的 GPU，碳排放很高，而 VOLT 搜索和评估只需要 0.5 小时的 CPU 加上 30 小时的 GPU，碳排放明显降低，而两者的质量评估指标（BLEU 值）BPE–30K 是 29.9，VOLT 是 29.8，相差不大。从这个意义上说，VOLT 显然有助于实现绿色环保。如图 3.36 所示。

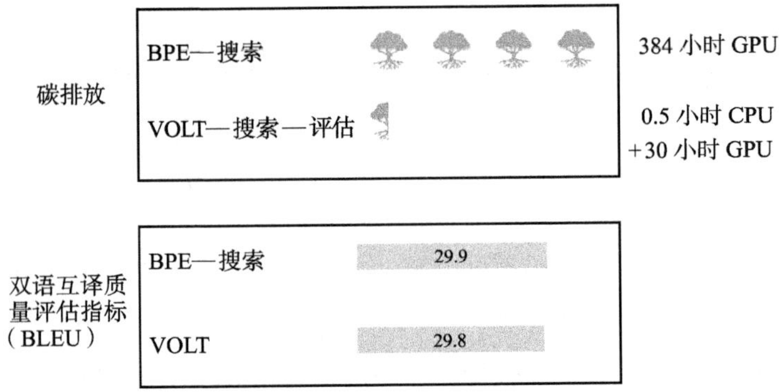

图 3.36　绿色环保的 VOLT

“长尾分布”是语言学中的齐普夫定律在几何上的表现，也是记忆负担最小化机制的重要内容，由此可见，如果在神经机器翻译中使用语言学的记忆负担最小化机制，就可以通过减少子词表规模的手段来降低其碳排放的能耗，从而达到绿色环保的效果。这样的活生生的事实使我们认识到语言学理论对于神经网络和深度学习的指导作用。

目前，很多学者指出，神经网络和深度学习的性能很好，然而其可解释性很差，使得我们常常陷入"知其然而不知其所以然"的困境，记忆负担最小化机制有助于揭开神经网络和深度学习的神秘面纱，提高神经网络和深度学习的可解释性。

记忆负担最小化机制不仅是人类语言使用中的一个普遍规律，而且也是计算机神经网络的一个普遍规律，应当引起我们的特别关注。计算机神经网络一旦使用记忆负担最小化的语言学规律，就可以取得良好的效果。那种认为在神经网络和深度学习时代语言学知识已经派不上用场的观点是完全错误的。

5. 大语言模型

由 OpenAI 公司开发的基于转换器的生成式预训练模型（Generative Pre-Trained Transformer, GPT）已经成为当前自然语言处理研究的核心技术，包括 GPT-1, GPT-2, GPT-3, InstructGPT, ChatGPT, GPT-4，我们把它们统称为 GPT 系列，简称为 GPTs。GPTs 利用转换器模型，从语言大数据中获取了丰富的语言知识，GPTs 在语言生成任务上达到了相当高的水平。这样一来，GPTs 便成为了深度学习时代自然语言处理研究的最重要的神经网络模型。

GPTs 系列的训练参数越来越多，性能越来越好。

GPTs 的发展过程如图 3.37 所示。

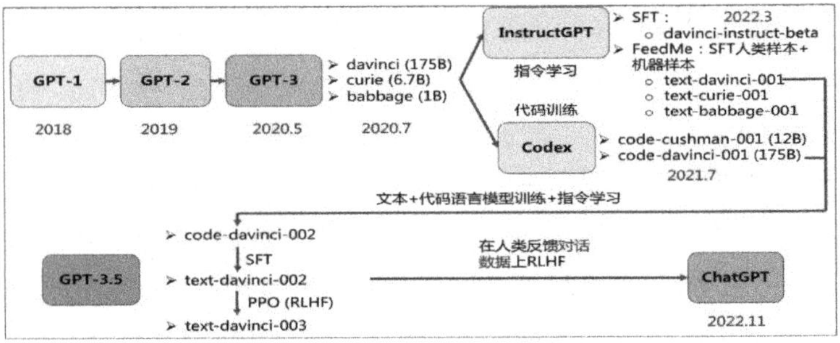

图 3.37 GPTs 的发展过程

从图 3.37 可以看出，OpenAI 公司于 2018 年 6 月开发了 GPT-1，有 1.17 亿参数，它使用预测下一个单词的方式训练出基础的语言模型，然后针对分类、蕴含、近义、多选等下游任务，使用特定数据集，更新模型参数，对模型进行调优与适配。OpenAI 公司于 2019 年研制了 GPT-2，于 2020 年 5 月研制了 GPT-3，于 2020 年 7 月分别研制了 GPT-3 中的 davinci，curie，babbage，于 2022 年 3 月研制了 InstructGPT，进行文本和代码的语言模型训练，研制成 GPT-3.5，接着进行有监督微调（Supervised Fine Tuning，SFT）和基于人类反馈的强化学习（Reinforcement Learning from Human Feedback，RLHF），于 2022 年 11 月推出 ChatGPT。

ChatGPT 是一种对话场景优化语言模型（optimizing language models for dialogue）。ChatGPT 比 GPT-3 更进一步，已经进化到具备执行自然语言指令的能力，用户不必给出示例，只要使用自然语言给出指令，ChatGPT 就可以理解用户意图。例如，用户只要直接用自然语言告诉 ChatGPT 把某个英语单词译成法语，ChatGPT 就可以执行，并给出翻译结果。ChatGPT 可以根据上下文提示，自动理解并执行各类任务，不必更新模型的参数或架构。

GPTs 利用 Transformer 模型，从语言大数据中获取了丰富的语言知识，GPTs 在语言生成任务上达到了相当高的水平，人类进入了"大语言模型"的新时代。GPTs 是大语言模型时代的最重要的神经网络模型。

GPTs 系列的训练参数越来越多，性能越来越好。ChatGPT 的训练语料高达 100 亿个句子，包含约 5000 亿个词元（tokens）。ChatGPT 可以通过使用大量的训练数据来模拟人的语言行为，生成人类可以理解的文本，并能够根据上下文语境，提供恰当的回答，甚至还能做句法分析和语义分析，帮助用户调试计算机程序，写计算机程序的代码，做数学题，而且能够通过人类反馈的信息，不断改善生成的功能，已经达到了很强的自然语言生成能力。

ChatGPT 使用 Transformer 进行训练，在训练过程中，使用海量的自然语言文本数据来学习单词的嵌入表示（word embedding expression）以及上下文之间的关系（context relation），形成知识表示（knowledge representation）。一旦训练完成，知识表示就被编码在神经网络的参数中，可以使用这些参数来生成回答。当用户提出问题时，神经网络就根据已经学习到的知识，把回答返回给用户。

ChatGPT 在 2022 年 11 月 30 日推出仅仅 5 天，注册用户就超过百万，推出短短的两个月，月活跃用户就超过 1 亿。TikTok 月活跃用户超过 1 亿用了 9 个月时间，Twitter 月活跃用户超过

1 亿用了 90 个月时间，ChatGPT 打破了历史记录，遥遥领先，引起了全球网民的广泛注意，在大语言模型时代掀起了一场史无前例的、波澜壮阔的海啸。

ChatGPT 的推出引起了史无前例的轰动。成千上万的用户从不同角度对它进行了应用体验。

2023 年 3 月 17 日，Open AI 发布 GPT-4。GPT-4 具有强大的识图能力，文字输入限制由 3 千词提升至 2.5 万词，回答问题的准确性显著提高，能够生成歌词、创意文本，改变文本的写作风格，GPT-4 还具有自动翻译的能力。

2023 年 11 月 7 日，Open AI 举行开发日（DevDay），OpenAI 公司的总裁 Altman 在开发日上宣布了 GPT-4 的一次大升级，推出了 GPT-4 Turbo，引起了全世界的密切关注。

GPTs 系列的成功具有划时代的里程碑性质，是大语言模型时代最伟大的成果，足以载入人工智能发展的史册。

从 1960 年至神经机器翻译时代，我们在第 3 章中谈到的“巴希勒难题”始终没有得到解决。凡是遇到这类涉及语言之外的常识问题，神经机器翻译往往都会出错。

2018 年以来，我们进入了大语言模型时代，机器翻译又有了长足的进步。2023 年 5 月 25 日，本书作者使用 GPT-4 来翻译“巴希勒难题”中提到的英语片段，翻译结果为：

“小约翰正在寻找他的玩具盒，最终他找到了。盒子在圈里。约翰非常高兴。”

这里，GPT-4 要把 pen 正确地翻译为做游戏的“圈”，这需要有关于做游戏的背景知识，GPT-4 通过大语言模型的分析，具备了这样的背景知识，得到了正确的译文。

60 多年来困扰机器翻译的“巴希勒难题”终于获解，足见大语言模型时代的机器翻译已经有了长足的进步。这是令人高兴的。

2020 年，卡普兰（J. Kaplan）等人在《自然语言模型的缩放法则》① 一文中提出了“缩放法则”（Scaling Laws），指出语言模型的性能依赖于模型的规模，包括：计算量（Compute）、数据集大小（Data Size）和参数量（Parameters），语言模型的效果会随着这三者的增加而提高，而语言模型的损失值（Loss）随着计算量的规模、数据集的规模、参数量的增大而线性降低。如图 3.38 所示。

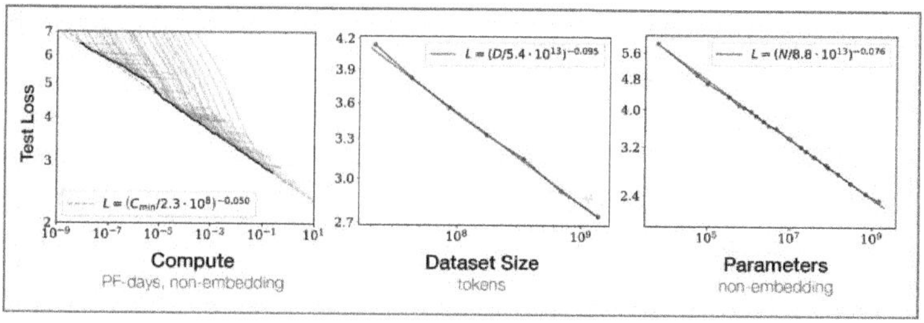

图 3.38　缩放法则

“缩放法则”意味着语言模型的能力是可以根据这三个变量来估计的。提高模型的计算量、扩大数据集的规模、提高参数的数量，都可以降低语言模型的损失，使得语言模型的性能可预测

① Kaplan J, McCandlish S, Henighan T, et al. Scaling Laws for Neural Language Models. arXiv preprint arXiv: 2001.08361, 2020.

地提高。“缩放法则”为继续提升大语言模型的规模给出了定量分析依据。

目前,大语言模型的机理还是一个“黑箱”,缺乏可解释性。自然语言是人类文明的操作系统。标志人类文明的科学、艺术、思想、感情都离不开自然语言。人工智能对自然语言的掌控,意味着它可以入侵并操纵人类文明的操作系统。因此,自然语言处理如果没有可解释性,就相当于摩天大楼没有坚实的地基。而如果地基坍塌,自然语言处理组装的摩天大楼再有多高也是没有价值的。

对于大语言模型,我们必须研究其可解释性,揭开这个“黑箱”的神秘面纱,在这一方面,语言学家责无旁贷,语言学应当对此作出自己的贡献。

第四章　知识图谱

1956 年在美国的达特茅斯学院召开的达特茅斯会议上，学者们提出了“人工智能”（Artificial Intelligence, AI）的设想，此后，人工智能迅速地发展起来。自然语言处理（Natural Language Processing, NLP）是人工智能的重要研究领域，在自然语言处理的研究中，学者们开始构建自动推理模型进行问题求解，提出了语义网络（semantic network）、框架（frame）、脚本（script）等一系列知识描述（knowledge description）的理论和方法。

例如，索瓦（Sowa）等人在 1983 年提出了“概念网络”（Concept Net）来进行知识描述。学者们根据符号主义的原则，将实体之间的关系局限于“拥有、导致、属于”等特殊的基本关系，并定义了一些在图谱上推理的规则，希望通过逻辑推理的方式实现人工智能。

在这些知识描述理论和方法的基础上，领域专家开始使用人工的方式，编写实例数据，建立知识库，这些研究在一些受限的领域获得成功。学者们开始关注知识资源的研究。

互联网（web）出现之后，人们在与自然和社会的交互中，创造了大规模的数据，人类社会进入了大数据时代，这些大数据以文字、图片、音频、视频等不同的模态存在，怎样让计算机自动识别、阅读、分析、理解这些庞杂而海量的大数据，从中挖掘出有价值的信息，为用户提供精准的信息服务，成为下一代信息服务的核心目标之一。

2001 年,蒂姆·贝讷尔斯·李(Tim Berners Lee)提出了语义网(semantic web)的概念[①],定义了一种描述客观世界的概念化规范,通过一套统一的元数据(meta data),对互联网的内容进行详细的语义标注,从而给互联网赋予语义,把网页互联的万维网(WWW)转化为内容互联的语义网。在语义网思想的影响下,亿万网民协同构建了"维基百科"(Wikipedia),促进了知识资源的迅速增长,在知识类型、覆盖范围和数据规模上都达到了空前的水平。

1972 年的文献中就出现了"知识图谱"(knowledge graph)这个术语。2012 年 5 月,谷歌公司(Google)明确地提出了知识图谱的概念并构建了一个大规模的知识图谱,开启了知识图谱研究之先河。从此,知识图谱便在自然语言处理的研究中普及开来,成为自然语言处理研究的一个重要内容。

知识图谱用结点(vertex)表示语义符号,用边(edge)表示符号与符号之间的语义关系,因而构成了一种通用的语义知识形式化描述框架。在计算机中,结点和边这样的符号都可以通过"符号具化"(symbol grounding)的方式表征物理世界和认知世界中的对象,并作为不同个体对认知世界中信息和知识进行描述和交换的桥梁。知识图谱这种使用统一形式的知识描述框架便于知识的分享和学习,因而知识图谱受到了自然语言处理研究者的普遍欢迎。

自谷歌公司构建了知识图谱,并在 2012 年发布了包含 507

---

① 语义网(semantic web)与语义网络(semantic network)是不同的。请读者注意它们之间的区别。

亿实体的大规模知识图谱①,不少互联网公司很快跟进,纷纷构建了各自的知识图谱。例如,微软公司建立了 Probase,百度公司建立了“知心”,搜狗公司建立了“知立方”。金融、医疗、司法、教育、出版等各个行业也纷纷建立了各自垂直领域的知识图谱,大大地提高了这些行业的智能化水平。Amazon(亚马逊)、eBay、Facebook(脸书)、IBM、LinkedIn、优步等公司相继发布了开发知识图谱的公告。与此同时,学术界也开始研究构建知识图谱的理论和方法。越来越多的科学文献发表关于知识图谱主题的文献,其中包括书籍、论文、新技术,以及有关知识图谱的调查。

知识图谱技术的发展是有很深的历史渊源的,它源于人工智能中自然语言的语义知识表示的研究,并经历了互联网信息服务不断深化需求的洗礼,现在已经发展成为互联网知识服务的核心工具了。

以语义网络(semantic network)为代表的知识表示的理论研究,互联网智能化信息处理的应用实践,以维基百科(Wikipedia)为代表的网络协同构建知识资源的创举,这些因素的总和推动了知识图谱的进一步发展。

1. 知识图谱的三元组

知识图谱中的三元组用(h, r, t)表示,h 表示“头实体”(head),r 表示“关系”(relation),t 表示“尾实体”(tail)。知识图谱的三元组结构非常简单,可以表示为:

(head, relation, tail)

用首字母表示为:

① http://googleblog.blogspot.com/2012/05/introducing-knowledge-graph-things-not.html.

(h, r, t)

例如,我们有如下的三元组:

(马克斯 · 普朗克,国籍,德国)

(马克斯 · 普朗克,出生,丹麦基尔)

(马克斯 · 普朗克,获奖,诺贝尔奖)

(马克斯 · 普朗克,专业,物理学家)

在三元组(马克斯 · 普朗克,国籍,德国)中,h = 马克斯 · 普朗克, r = 国籍, t = 德国,通过这些不同的三元组,我们就获得了关于马克斯 · 普朗克的比较全面的知识。

显而易见,这样的知识图谱是一种简单明了的描述知识的手段。通过这个知识图谱,使我们知道马克斯 · 普朗克(Max Planck)是一个德国人,他出生于丹麦基尔(Kiel,现在属于德国的 Holstein),他的职业是物理学家,他曾经获得诺贝尔奖。在此基础上,再与其他的结构化数据进行关联,就可以进一步了解到马克斯 · 普朗克其他方面的信息,使我们对于马克斯 · 普朗克获得更加全面的认识。例如,通过"丹麦基尔"的类型,可以知道"丹麦基尔"是一个"城市",通过"城市"的语言说明,可以进一步知道"城市"的德语是 Stadt,等等。通过"物理学家"的上位结点,可以知道它的父类属性是"科学家",而"科学家"的父类属性是"人"。当三元组中的关系 r 不明确时,知识图谱还允许加入其他信息作为"额外资源",以补充信息的不足。例如,我们可以给出生信息引入"出生时间"作为"额外资源",从而知道"马克斯 · 普朗克于 1858 年出生在丹麦基尔"。我们还可以给获奖信息引入"获奖时间"作为"额外资源",从而知道"马克斯 · 普朗克于 1919 年获诺贝尔奖"。这样一来,我们就可得到更多的三元组：

（丹麦基尔，类型，城市）

（丹麦基尔，位置，德国）

（城市，德语，Stadt）

（物理学家，父类，科学家）

（科学家，父类，人）

（出生时间，额外资源，1858）

（获奖时间，额外资源，1919）

根据上述的三元组，我们就可以得到关于德国物理学家马克斯·普朗克的知识图谱。如图 4.1 所示。

这个知识图谱以三元组的方式描述了德国著名物理学家马克斯·普朗克的国籍、出生、获奖、专业等信息，这些知识都是非常有用的。

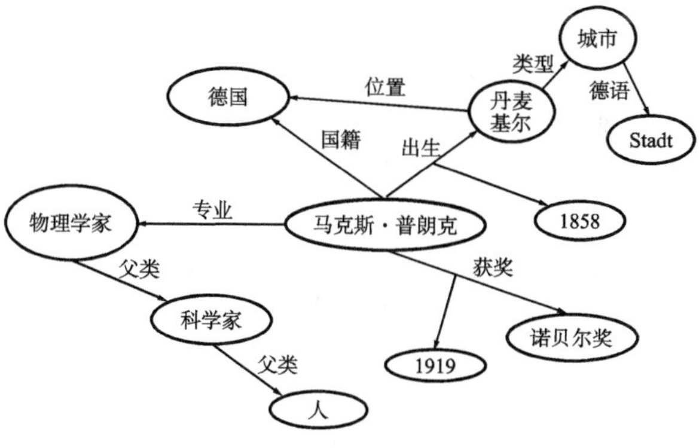

图 4.1　知识图谱示例

不难看出，根据约定的框架对数据进行结构化描述，并与已有的结构化数据进行关联,由此而形成的知识图谱可以描述相当完整的知识。在实际应用时,知识图谱往往需要把自身的框架结构映射到某种数据库所支持的框架上,必要时可以对数据库进行专门的扩展。这样一来,知识图谱的功能就更加强大了。在知识图谱中,知识是认知,图谱是载体,数据库是实现,知识图谱就是在数据库系统上利用图谱这种抽象载体表示知识这种认知内容的系统。

2. 几个大规模的知识图谱

目前,大规模的知识图谱有 Wikipedia、DBpedia、YAGO、Freebase、Wikidata、NELL、Knowledge Vault 等。这些大规模的知识图谱用丰富的语义表示能力和灵活的结构来描述认知世界和物理世界中的信息和知识,成为知识的有效载体。

图 4.2 显示了主要的大规模的知识图谱:Wikipedia、DBpedia、YAGO、Freebase、NELL、Knowledge Vault 等。

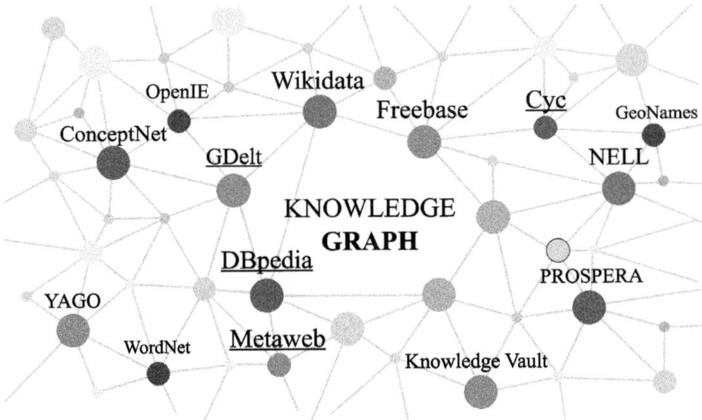

图 4.2 主要的大规模的知识图谱

下面我们分别介绍。

■ Wikipedia：2001 年，开始了全球性多语言百科全书协作计划 Wikipedia（维基百科）的研制，其宗旨是为全人类提供自由的百科全书，在短短几年的时间里，利用全球用户的通力协作，Wikipedia 完成了数十万词条的知识的编写，至今已经发展到上百万个词条的大规模知识图谱。Wikipedia 的出现推动了很多基于百科全书的结构化知识库的构建。

■ DBpedia：2006 年，Tim Berners Lee 在它创立的 World Wide Web（互联网）的基础上，提出"链接数据"（Linked Data）的构想，鼓励大家将数据公开并遵循一定的原则将其发布在语义网（Semantic Web）中，链接数据的宗旨是希望不仅仅把数据发布于语义网中，而且还要建立数据与数据之间的链接，从而形成一张巨大的链接数据网。其中，最具代表性的链接数据网就是 2007 年开始运行的 DBpedia，这是目前已知的第一个大规模开放域链接数据网。这个系统最初是由德国柏林自由大学和莱比锡大学的学者发起研制的，其初衷是缓解当时语义网所面临的窘境，DBpedia 于 2007 年发布了第一份公开数据集，通过自由授权的方式允许他人使用。DBpedia 的开发者认为，在大规模网络信息的环境下，采用传统的"自顶向下"（top-down）的方法在数据之前设计知识本体（ontology）是不切实际的，数据及其元数据应当随着信息的增加而不断完善。数据的增加和完善可以通过社区成员合作的方式进行，因此应当以数据为基础，"自底向上"（bottom-up）地设计知识本体，但是，这种自底向上的方式涉及数据的一致性、不确定性，以及隐式知识的统一表示等诸多问题。他们认为，探寻这些问题最高效的方式就是提供一个内容丰富的多元数据语料,有了这样的语料便可以极大地推动诸如知识推理、数据不确定管理技术的研制,并开发面向语义网的运营系统。

基于“链接数据”的构想, DBpedia 知识库利用语义网技术,使用语义网中的资源描述框架(Resource Description Frame, 简称 RDF),与 WordNet、Cyc 等众多的知识库建立链接关系,构建了一个规模巨大的链接数据网。如图 4.3 所示。

DBpedia 主要通过社区成员来定义和撰写准确的抽取模版,从 Wikipedia 中抽取结构化信息来构建大规模知识库,另外, DBpedia 本体的构建也是通过社区成员的合作来完成的。

Wikipedia 是由社区撰写的,其知识表达难免有不一致

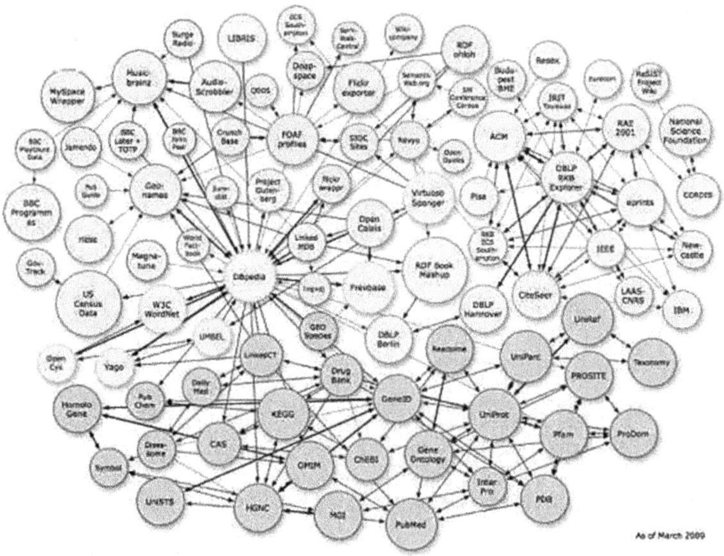

图 4.3 以 DBpedia 为核心的链接数据网

的情况，为了克服Wikipedia的这种缺憾，DBpedia利用映射（mapping）技术与抽取模版的方法来实现知识描述的统一，从而保证数据的一致性。

另外，为了实现知识的更新与扩增，DBpedia还开发了DBpediaLive来保持与Wikipedia的同步。在2016年发行的版本中，DBpedia拥有600多万个实体，其中520万个实体包含摘要新信息，153万个实体具有地理位置信息，160万个实体具有描述信息。另外，其中的520万个实体还可以连接到DBpedia的本体上，其中包括150万个“人物”（person）信息、81万个“地点”（place）信息、49万部“作品”（works）信息、27.5万个“机构”（organization）信息、30.1万个“物种”（species）信息、5000种“疾病”（disease）信息。

同时，DBpedia还可以支持127种语言，总共描述了1731万个实体。DBpedia一共抽取了95亿个三元组，其中13亿个三元组的数据抽取自英文版的Wikipedia，50亿个三元组的数据抽取自其他语言版的Wikipedia，而其他的32亿个三元组的数据也是从Wikipedia中抽取的，这样一来，DBpedia便拥有了大量的跨语言知识。

■ YAGO：这个系统是由德国马克斯·普朗克研究所（Max Planck Institute）于2007年开始研制的项目，针对当时的应用仅只使用单一的源背景知识（mono source background knowledge）的缺憾，YAGO建立了一个高质量、高覆盖的基于多源背景知识（multiple source background knowledge）的知识库。词网WordNet是一个拥有极高准确率的本体知识库，但其中的知识只是覆盖了日常语言中一些常见的概念或实体；而 Wikipedia 蕴含了比 WordNet 更加丰富的实体知识，但 Wikipedia 提供的概念层次结构类似标签结构，这种结构精确性差，不适合直接用于构建本体。YAGO 将 WordNet 与 Wikipedia 二者结合起来，取长补短，利用 WordNet 的知识本体信息来补充 Wikipedia 中实体的上位词知识，从而构建了一个大规模、高质量、高覆盖的知识库。截至目前，YAGO 拥有超过 1000 万个实体的 1.2 亿条事实知识，同时还与其他知识库构建了链接关系。

■ **Freebase**：这个系统是基于 Wikipedia 的、使用“众包”的群体智能方法建立的结构化知识资源，包含 5813 万个实体、32 亿个三元组的结构化知识资源，是公开可获取的大规模的知识图谱。Freebase 在 2010 年 7 月 16 日被谷歌公司收购，并被纳入到谷歌公司的知识图谱中，2015 年，谷歌公司关闭了 Freebase，并把 Freebase 的数据转移到 Wikipedia 中。

■ **NELL**：这个系统是美国卡内基梅隆大学基于“Read the Web”项目开发的机器学习系统，NELL 的英文含义就是“Never-Ending Language Learning”（永无止境的语言学习）。NELL 每天不间断地执行自动阅读（Reading）和自动学习（Learning）两项任务。自动阅读任务是从 Web 文本中获取知识，并把阅读到的知识添加到 NELL 的内部知识库中，自动学习任务是使用机器学习算法获取新的知识，巩固和扩展对于知识的理解。NELL 可以抽取大量的三元组，并标注出所抽取的迭代轮数、时间和置信度，还可以进行人工校验。NELL 系统从 2010 年开始机器自动学习，经过半年的学习之后，总共抽取了 35 万条实体关系三元组，经过人工标注和校正之后，进一步抽取更多的事实，知识抽取的正确率可以达到 87%。

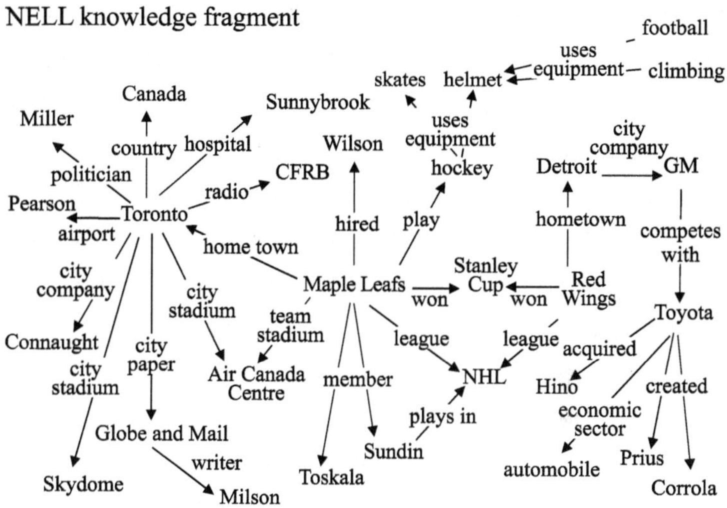

图 4.4　NELL 抽取的知识片段

图 4.4 是 NELL 抽取的有关“Maple Leafs”球队(枫叶球队)的知识片段,片段由很多三元组构成。例如,

(Maple Leafs, play, hockey)

(Maple Leafs, won, Stanley Cup)

(Maple Leafs, hired, Wilson)

(Maple Leafs, member, Toskals)

(Maple Leafs, member, Sundin)

(Maple Leafs, home town, Toronto)

(Toronto, country, Canada)

从这些三元组中可以知道,“Maple Leafs”这个球队是打(play)曲棍球(hockey)的,这个球队曾经获奖(won),得过 Stanley 奖杯(Stanley Cup),这个球队的雇主(hired)是威尔森

（Wilson），这个球队的成员（member）有托斯卡尔思（Toskals）和孙定（Sundin），这个球队所在的城市（home town）是多伦多（Toronto），而多伦多所在的国家（country）是加拿大（Canada），这些知识构成了一个非常复杂的知识系统。

NELL 还可以使用知识图谱进行简单的逻辑推理。例如，从知识图谱中知道，"Maple Leafs" 球队所在的城市（home town）是多伦多，而多伦多所在的国家（country）是加拿大，因此，可以推论出这个球队所在的国家也是加拿大。

逻辑推理过程如下：

(Maple Leafs, home town, Toronto) ∩ (Toronto, country, Canada)

→(Maple Leafs, country, Canada)

在上面的逻辑推理式子中，∩是逻辑合取符号，表示"和"的意思。

NELL 通过机器学习的方式构建知识图谱，从而可以持续不断地从网络上获取资源来发现事实并总结规则，其中涉及命名实体识别、同名排歧、智能推荐等自然语言处理的技术。

■ Knowledge Vault：这个系统是谷歌公司在 2014 年开发的一个大规模的知识图谱。与 Freebase 知识图谱相比，Knowledge Vault 不再采用"众包"的群体智能方法来构建，而是通过算法自动搜索 Web 上的信息，使用机器学习的方法，对于已经存在的结构化数据（例如，YAGO 或 Freebase 上的结构化数据）进行集成与融合，把它们自动地转化成可用的知识。目前，Knowledge Vault 已经收集了 16 亿个事实数据，其中，有 2.71 亿个事实数据的置信度很高，准确率达 90% 左右。

以上所介绍的知识图谱都是基于英语的，即使是多语言知识图谱也是以英语为中心语言的，其他语言的知识是通过跨语言知识链接而得到的。

近年来，我国推出了大量以中文为主语言的知识图谱，它们主要都是根据百度百科和维基百科的结构化信息构建起来的。如上海交通大学的 zhishi.me、复旦大学的 CN-pedia。2017 年，由我国的多所高校发起的 cnSchema.org 项目，其目的在于利用社区力量来维护开放域知识图谱的 Schema 标准。

为了对抗新型冠状病毒（COVID–19），全世界的科研人员、医疗人员、政府工作人员和公众渴望获得开放、全面的关于新冠病毒的知识。为了满足这样的急需，清华大学开展了叫做 ArnetMiner 的知识图谱工程研究。

ArnetMiner 收集整理了现有的有关 COVID–19 的开放知识图谱，并进一步融合了它们，构建了一个大规模、结构化的新冠病毒知识图谱 COKG–19，如图 4.5 所示。

目前，COKG–19 包含了 505 个概念、393 个属性、26 282 个实例和 32 352 个知识三元组，覆盖了医疗、健康、物资、防控、科研和人物等。COKG–19 的目的在于帮助发布者和科研人员识别和链接文本中的语义知识，并提供更多智能服务和应用。

COKG–19 在前人工作的基础上进行整理和融合。主要融合了如下的知识图谱：新冠健康知识图谱、新冠防控知识图谱、新冠流行病知识图谱、新冠百科知识图谱、新冠人物知识图谱、新冠医疗知识图谱、新冠物资知识图谱、新冠事件知识图谱、新冠科研知识图谱。

人们查询这些知识图谱，可以获得关于 COVID–19 的各种知识。例如，在“新冠科研知识图谱”中的病毒分类图谱，根据

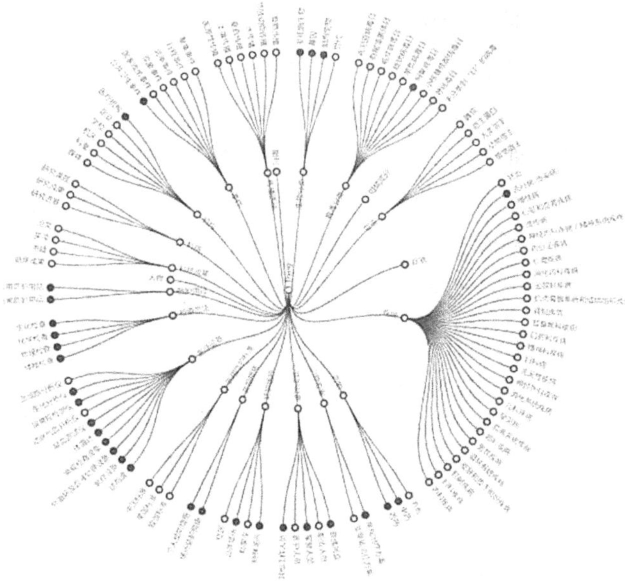

图 4.5　COKG-19 知识图谱

最新 ncbi 网站内容更新了病毒族系相关的科研基础数据，包括所有病毒的 lineage 分类信息；其中的新冠基本信息图谱根据新冠病毒的基因蛋白、宿主等相关信息来构建图谱；其中的抗病毒药物图谱依据 drugbank 数据库中抗病毒药物、病毒、病毒相关蛋白和宿主及宿主蛋白间的关系来构建图谱；其中的新冠亲缘关系图谱整理了 nextstrain 网站上短期内 SARS–CoV–2 病毒株的变异方向与地理位置分布数据；其中的新冠文献抽取图谱可以帮助研究人员方便、快捷地查询最新研究信息，将自然语言处理方法和知识图谱结合起来，自动地从专业文献等非结构化数据中抽提 SARS–CoV–2 的相关知识点，并进一步将这些知识整合为相关的科研知识图谱。

这样,人们就可以通过 COKG–19 这个大型的知识图谱,获得关于 COVID–19 的全面知识。COKG–19 是一个中英文双语知识图谱,可以提供中文和英文的双语查询,因此也可以为国外的用户提供服务。

由此观之,知识图谱的三元组结构化信息积累起来的知识,成为了人工智能时代最为宝贵的知识财富。

3. 知识图谱的改进

如果我们有了数以亿计的这样的三元组知识,还可以使用它们进行逻辑推理,从而获得更加丰富的知识。

例如,如果我们有了关于冯志伟和乔姆斯基(N. Chomsky)出生年代的三元组:

(冯志伟,出生年代,1939)

(乔姆斯基,出生年代,1928)

在智能对话系统中,当用户提问:“冯志伟出生的时候,乔姆斯基的年龄有多大?”,对于这样的问题,仅仅靠直接查询知识图谱中的三元组是不能回答的,必须依据知识图谱提供的知识进行逻辑推理。

如果有了知识图谱的上述三元组信息,根据冯志伟出生时乔姆斯基的年龄应当等于冯志伟的出生年代减去乔姆斯基的出生年代这样的数学规律,由于 1939–1928=11,我们就可以根据知识图谱推论出:冯志伟出生时乔姆斯基的年龄应当是 11 岁。

这样,我们就可以从知识图谱中存储的旧知识中推论出新的知识,从而回答“冯志伟出生的时候,乔姆斯基的年龄有多大?”这样无法在知识图谱中直接地查询的问题。

由此可见，知识图谱的三元组结构化信息不仅能够存储知识，还可以进行知识推理，从而产生出新的知识，确实是人类知识的宝库，是非常有价值的。

我们还可以把知识图谱与神经网络深度学习中的词向量（word vector）结合起来，增强神经网络的解释力。

近年来，在神经网络深度学习中，学者们把离散的语言符号转换为词向量的实数值，通过数学方法来进行自然语言处理，把自然语言处理提升到一个新的阶段。但是，词向量不是自然语言的符号而是实数值，我们难以从实数值中看到自然语言所表示的语言规律，缺乏可解释性。如果有了知识图谱，我们就可以使用知识图谱所表示的语言事实，来整理通过神经网络的深度学习得到的单词的词向量表示。

例如，如果神经网络通过深度学习得到如下的词向量数据：

北京：[270]

首都：[319]

城市：[327]

汉堡：[348]

港口城市：[300]

斯德哥尔摩：[368]

这些词向量数据是一些实数值，仅仅根据这些词向量，我们是很难判断它们之间的关系的，因而缺乏可解释性。

但是，如果在我们的知识图谱中有如下的三元组：

（北京，是，首都）

（斯德哥尔摩，是，首都）

（汉堡，是，港口）

（斯德哥尔摩，是，港口）

（首都，是一种，城市）

（港口，是一种，城市）

那么，我们就可以根据这个知识图谱中的符号所表示的语言事实，把神经网络中的词向量提升为“域表示”（field representation），并与几何空间中的符号表示结合起来，既可以保持神经网络的向量特征，又可以通过域表示空间中不同区域之间的拓扑关系，学习到由知识图谱驱动的知识结构，通过符号投射和向量区域化进行符号的空间化，形成一个用区域来融合词向量数字和知识图谱符号的直观表示，从而实现了词向量与自然语言符号的融合，提升了词向量的解释力。如图 4.6 所示。

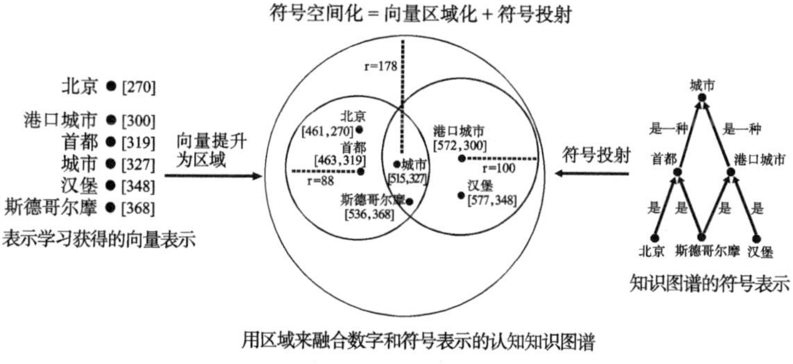

图 4.6　融合词向量数字与知识图谱符号的知识表示和推理

图 4.6 中的左侧是通过神经网络深度学习获得的词向量数字表示，右侧是知识图谱的语言符号表示，把左侧的词向量提升为圆形的区域，其中半径 r = 88 的圆形区域表示“首都”，半径 r = 100 的圆形区域表示“港口城市”，根据知识图谱中的符号信

息，把语言符号投射到圆形区域中，就可以知道北京是“首都”，汉堡是“港口城市”，而斯德哥尔摩兼具“首都”和“港口城市”的双重性质，它被纳入到半径 r = 178 的圆形区域中，这样一来，我们就得到了一个由“域表示”来融合词向量数字与语言符号的具有认知功能的知识图谱，通过向量区域化和语言符号投射，实现了符号的空间化，这样融入了知识图谱的符号空间化方法具有认知功能，清楚地描述了关于这些城市在性质方面的各种知识，有效地增强了词向量的解释力。

4. 从知识图谱到认知图谱

然而，知识图谱中的三元组是建立在两个事件或实体的一阶谓词逻辑基础上的，这样的三元组表示方式是有局限性的。

长期以来，知识图谱研究者孜孜不倦地追寻探索的问题，完全依靠（h, r, t）这样由头实体、关系和尾实体构成的三元组命题，尽管能够表示大部分简单的事件或者实体的属性，但是，对于复杂的知识却束手无策，在对于知识理解的颗粒度要求越来越精细的人工智能时代，这样的缺点成为知识图谱的软肋。

例如，对于“李政道和杨振宁共同提出了宇称不守恒的理论”这样的事实，如果要纳入知识图谱，采用三元组（h, r, t）来表示，我们不得不记为如下的格式：

（李政道和杨振宁，共同提出，宇称不守恒理论）

然而这样一来，头实体“李政道和杨振宁”就无法单独地表达这两位科学家分别地进行的其他活动。如果把头实体“李政道和杨振宁”拆开来，则又与三元组关系中“共同提出”的事实发生矛盾。因此，这样的事实无法用知识图谱直接表示出来。

又如，“克隆羊的各项属性都与本体相同”这个命题，如果用知识图谱来表示也很困难。这样的命题在更为宽泛的知识库理论中，通常被称为“规则”（rule），需要进行大量的简单枚举操作来分别说明各项属性的具体内容，从而推导出克隆羊的各项属性，而这会涉及关于克隆羊的海量的实体，使得知识图谱难以表达出来。

为了改进知识图谱的这些不足，学者们提出了“认知图谱”（cognitive graph）。

在认知科学中，有一个著名的“双过程理论”，这种理论认为，人的认知可分为两个系统：“系统 1”和“系统 2”。系统 1 是基于直觉的（Intuitive-based），系统 2 是基于理性的（Analytic-based）。系统 1 进行“快思维”，是建立在直觉基础上的、无知觉的思考系统，其运作依赖于经验和关联，它的基本功能是激活情感、记忆、经验等相关的对象，这些都是无意识的、可以快速激活的对象，把激活的信息构成一个彼此和谐的故事，这将导致系统 1 容易造成误判，只要相关对象是彼此和谐的，系统 1 就认为是正确的，因此，系统 1 可以自动地、轻易地、快速地相信任何东西，容易被欺骗，从而导致误判。而系统 2 进行“慢思维”，是人类特有的逻辑思维能力，它利用工作系统中的知识进行慢速而可靠的逻辑推理，需要意识控制，是人类高级智能的表现，它的基本功能是数学计算和逻辑推理，进行有意识的推理，循规蹈矩地进行深思熟虑，就像“慢诸葛”。系统 2 可以改变系统 1 的工作方式，彼此之间进行协调，从而修正系统 1 的误判。如图 4.7 所示。

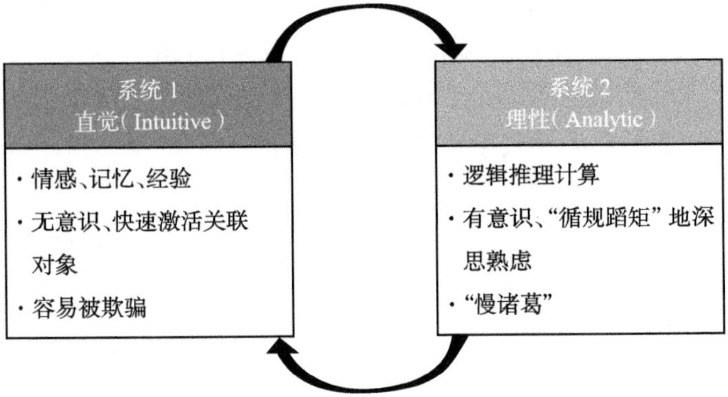

图 4.7 系统 1 与系统 2 相互协调

目前的神经网络和深度学习基本上还是在系统 1 的基础上进行的，主要靠大规模的数据来支持。今后，自然语言处理的研究需要从系统 1 的深度学习发展到系统 2 的深度学习，实现系统 2 的逻辑推理功能，除了需要大规模数据（big data）的支持之外，更需要丰富知识（rich knowledge）的支持，显而易见，在系统 1 的深度学习向系统 2 的深度学习的发展过程中，负载着人类丰富知识的知识图谱将会起着举足轻重的关键性作用。

2011 年，美国计算语言学家邱奇（Kenneth Church）在《语言工程中的语言问题》2011 年第 6 卷第 5 期上发表了一篇文章叫作《钟摆摆得太远了》，值得我们密切注意①。

在这篇文章中，邱奇回顾了 20 世纪 90 年代在国际计算语言学学会（Association of Computational Linguistics，简称 ACL）

① K. Church, A Pendulum Swung Too Far, *Linguistics Issues in Language Technology*, 6(5), 2011.

中他和他的年轻的同事们创建一个“数据研究兴趣组”（Special Interest Group for Data，简称 SIGDAT）的情形。他说，

“当时我们出于实用主义的考虑，背叛了自己老师的理性主义方法的立场，专门建立一个兴趣小组来研究数据。我们认为，既然现在数据可以轻而易举地得到，我们为什么不可以拿过来利用一下呢？与其高不成低不就，不如顺水推舟，做一些简单易行的事情。让我们来摘取那些大树上低枝头的唾手可得的果实吧。”

他们采取的技术路线是基于语言大数据的经验主义方法（empiricism approach）。

当时他们这些年轻人只是想在国际计算语言学学会众多的兴趣组中取得一席之地，并没有更大的野心。可是，过了几年之后，情况有了很大的变化，在大数据的环境下，自然语言处理中的这种基于语言数据的经验主义方法不仅复苏了，而且取得了很大的成功，以至于成了自然语言处理的主流方法。这样，语言数据的统计研究就显得特别重要了，邱奇和 SIGDAT 年轻的同事们使用基于语言数据的统计方法，率先摘取那些大树上低枝头的唾手可得的果实，取得了令人鼓舞的成就，可以看出，他们当初建立 SIGDAT 确实有先见之明。

如果当时邱奇等人紧随在他们的老师之后亦步亦趋，不敢越雷池一步，把自己局限在基于语言规则的理性主义方法（rationalism approach）的狭小天地之中，估计就不会有今天这样辉煌的成就。

然而，在这样的成就面前，他们并没有得意忘形，邱奇清醒

地认识到，当前这个基于语言数据的经验主义方法的“钟摆”已经“摆得太远了”。他问道：

> “如果那些低枝头的果实都被摘完之后，谁去摘那些处于大树的高枝头上的果实呢？究竟怎样去摘呢？”

他认为，我们需要依靠深层的语言学知识去摘取。

邱奇在文章中建议，要他的学生们认真地学习语言学的知识，深入研究语言学中的规律和各种规则，把语言学规则融合到统计方法中去，把基于语言数据的经验主义方法和基于语言规则的理性主义方法有效地结合起来，才有可能摘取高枝头上的果实。

显而易见，在基于语言数据的经验主义方法中引入语言规则信息，可以弥补统计方法的不足，使基于语言数据的经验主义方法如虎添翼。因此，在大数据环境下，把基于语言数据的经验主义方法与基于语言规则的理性主义方法紧密地结合起来，是自然语言处理进一步发展的关键。

这种情况说明，在大数据环境下，如果把语言学、数学、计算机科学知识全面结合起来，也就是把大数据和电子化的语言知识结合起来，建立比较复杂的深度学习模型，采用大数据和电子化的语言知识双轮驱动的方法就能够充分地发掘在海量的语言数据中蕴藏着的丰富信息，把自然语言处理的研究提高到一个新的阶段；自然语言处理的研究有着令人鼓舞的光辉前景。

近年来，随着深度学习（Deep Learning，DL）研究的进展，神经网络（Neural Network，NN）在自然语言处理中发挥了很大的作用。有人认为语言学知识对于自然语言处理已经没有什么用处了。这样的看法是站不住脚的。

其实,语言学知识对于深度学习和神经网络也是有帮助的。问题的关键在于,这样的语言学知识应当是形式化和电子化的,只有形式化和电子化的语言学知识才有可能融入深度学习和神经网络中为计算机所用。因此,我们应当构建高质量的、形式化和电子化的语言资源和技术平台,来支持深度学习和神经网络的研究。

形式化的语言学知识可以作为一种输入信号来提升深度学习和神经网络的效果,或者通过指派带有句法特征的(syntactic-aware)神经网络结构的方式来改善自然语言处理系统的性能,从而推动深度学习和神经网络的研究。

另一方面,深度学习和神经网络也是可以帮助语言学的。深度学习和神经网络模型有助于使用无监督学习的方法来发现自然语言句子中隐藏的句法树结构。深度学习和神经网络模型还有助于使用有监督学习的方法来预测自然语言句子中更好的句法树结构。

因此,语言学和神经网络(深度学习)是可以彼此推进,相得益彰的(linguistics and deep learning boost each other)。

如图 4.8 所示。图的上方说明神经网络(NN)可以帮助语言学(Linguistics),图的下方说明语言学(Linguistics)可以帮助神经网络(NN)。

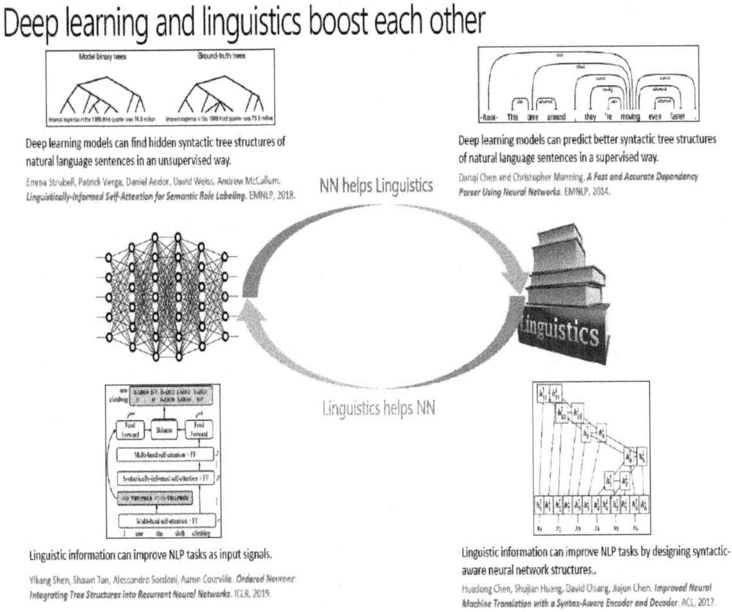

图 4.8　语言学知识和神经网络彼此推进相得益彰

尽管神经网络在数学上是完美的，可是它的运行机理却不容易从语言学和普通常识的角度得到理性的解释，而且神经网络也难以应用人类在长期的语言学研究中积累起来的丰富多彩的语言知识来改进自身的不足，为了进一步推动自然语言处理的发展，我们决不能忽视人类在历史长河中积累的语言知识和语言规则，我们应当把基于语言规则的理性主义方法与基于语言大数据的经验主义方法结合起来，使用语言规则来弥补人工神经网络的不足，使用人工神经网络来增强语言规则的研究。在自然语言处理的研究中，我们在大力推广人工神经网络的经验主义方法的同时，也要逐步复兴近年来受到冷落的理性主义方法，让神经网络从语言的理性规则中吸取营养，不断完善，增强它的可解释性。

现在我们已经在大数据驱动的深度学习（big-data-driven deep learning）和大语言模型等方面取得了骄人的成绩，这是经验主义方法的成就，值得高兴。但是，我们在以语言学知识驱动的深度学习（linguistics-knowledge-driven deep learning）方面还刚刚起步，这是理性主义方法的不足，“道阻且长”，我们还要继续努力，把理性主义的方法与经验主义的方法结合起来。

英国经验主义哲学家培根（F. Bacon）既反对理性主义，也反对狭隘的经验主义，他指出，由于经验能力和理性能力这两方面的“离异”和“不和”，给科学知识的发展造成了严重的障碍，为了克服这样的弊病，他提出了经验能力和理性能力联姻的重要原则。他说：

“我以为我已经在经验能力和理性能力之间永远建立了一个真正合法的婚姻，二者的不和睦与不幸的离异，曾经使人类家庭的一切事务陷于混乱”①。

他生动而深刻地说道：

“历来处理科学的人，不是实验家，就是教条者。实验家像蚂蚁，只会采集和使用；推论家像蜘蛛，只凭自己的材料来织成丝网。而蜜蜂却是采取中道的，它在庭园里和田野里从花朵中

① 北京大学哲学系外国哲学史教研室，《十六——十八世纪西欧各国哲学》，商务印书馆，p.8。

采集材料，而用自己的能力加以变化和消化。哲学的真正任务就正是这样，它既非完全或主要依靠心的能力，也非只把从自然历史和机械实验收来的材料原封不动，囫囵吞枣地累置于记忆当中，而是把它们变化过和消化过放置在理解力之中。这样看来，要把这两种机能、即实验的和理性的这两种机能，更紧密地和更精纯地结合起来（这是迄今还未做到的），我们就可以有很多的希望”①。

培根是著名的哲学家，他的主张是值得我们深思的。在自然语言处理的研究中，我们不能采取像蜘蛛那样的理性主义方法，单纯依靠语言的规则，也不能采取像蚂蚁那样的经验主义方法，单纯依靠数据的统计，我们应当像蜜蜂那样，把基于语言规则的理性主义和基于语言数据的经验主义两种机能“更紧密地”“更精纯地”结合起来，推动自然语言处理的发展。

目前流行的神经网络和大语言模型的热潮为自然语言处理中基于语言大数据的经验主义方法添了一把火，预计这样的热潮还会继续主导自然语言处理领域很多年。然而，在自然语言处理的研究中，基于语言规则的理性主义方法复兴的历史步伐是不会改变的，基于语言数据的经验主义方法一定要与基于语言规则的理性主义方法结合起来，才是自然语言处理的必由之途，也是当代人工智能研究的金光大道。

① 培根，《新工具》，商务印书馆，p.75。

参 考 文 献

1. 冯志伟《〈统计机器翻译〉述评》,《外语教学与研究》2013 年第 4 期, p. 629—633。

2. 冯志伟《机器翻译与人工智能的平行发展》2013 年第 6 期, p. 35—48。

3. 冯志伟《词向量及其在自然语言处理中的应用》,《外语电化教学》2019 年第 1 期, p. 3—11。

4. 冯志伟、丁晓梅《自然语言处理中的语言模型》,《外语电化教学》2021 年第 6 期, p. 17—24。

5. 冯志伟、李颖《自然语言处理中的预训练范式》,《外语研究》2021 年第 1 期, p. 1—14。

6. 冯志伟《生成词向量的三种方法》,《外语电化教学》2021 年第 1 期, p.18—26。

7. 冯志伟《神经网络、深度学习与自然语言处理》,《上海师范大学学报》(社会科学版),2021 年第 2 期, p. 110—122。

8. 冯志伟《双轮驱动的自然语言理解》,《语料库研究前沿》2021 年第 1 期, p. 149—176。

9. 冯志伟《语言使用中的记忆负担最小化机制》,《日语学习与研究》2022 年第 1 期, p. 1—19。

10. 冯志伟《计算语言学方法研究》,上海：上海外语教育出版社, p. 639,2023 年。

11. 李涓子、童天石、唐杰《基于空间认知的知识表示和推理》,《中国计算机学会通信》2020 年第 8 期, p. 18—22。

12. 肖桐、朱靖波,机器翻译：基础与模型,北京：电子工业出版社, 2021 年。

13. 赵军、刘康、何世柱、陈玉博《知识图谱》,北京：高等教育出版社，2019 年。
14. Brunner, T. F., Classics and the Computer: The History of a Relationship. In J. Solomon (ed.), *Accessing Antiquity: The Computerization of Classical Studies* (pp. 10–33). Tucson: University of Arizona Press, 1993.
15. Busa, R., (ed.) *Thomae Aquinatis Opera Omnia Cum Hypertextibus in CD-ROM*. Milano: Editoria Elettronica Editel, 1992.
16. Church, K., A Pendulum Swung Too Far, *Linguistics Issues in Language Technology*, 6(5), 2011.
17. Feng, Z., *Formal Analysis for Natural Language Processing: A Handbook*, 中国科学技术大学出版社, Springer. p.656, 2023.
18. Goldberg, J., *Neural Network Methods for Natural Language Processing*, Morgan & Claypool Publishers, Inc. 2017.
19. Jelinek, F., Continuous Speech Recognition by Statistical Methods. *Proceedings of the IEEE*, 64(4): 532–557, 1976.
20. Xu, J., Hao Zhou, Chun Gan, Zaixiang Zheng, Lei Li, Vocabulary Learning via Optimal Transport for Neural Machine Translation, https://arxiv.org/abs/2021.15671.
21. Philippe, K., *Statistical Machine Translation* [M], Cambridge University Press, 2007.
22. Makoto, N., *Machine Translation* [M], Oxford Press, 1989.
23. Pater, J., Generative Linguistics and Neural Networks at 60: Foundation, Friction, and Fusion. *Language*, 95(1), 2019.
24. Vauquois, B. A Survey of Formal Grammars and Algorithms for Recognition and Transformation in Machine Translation, in *IFIP* Congress 1968, Edinburgh, 254–260, 1968,
25. Widdowson. The Limitation of Linguistics applied, *Applied Linguistics* (1), 3–25, 2000.